在平凡的日子里，发现最美的意外

方超◎编著

国家一级出版社 中国纺织出版社 全国百佳图书出版单位

内 容 提 要

生活即便平凡，我们仍然不能忘记心中的梦想，不能忘记寻找快乐的意义，不能忘记努力的价值。这是一本帮助人们在平凡生活里发现最美的意外的书，讲述了在努力、梦想，以及如何对待苦难、如何饱含热情、如何获得幸福等主题上关于人生经历的故事，每个故事都励志而暖心，在平凡的生活里让读者不忘初心、不忘奋斗的意义。

图书在版编目（CIP）数据

在平凡的日子里，发现最美的意外／方超编著．—北京：中国纺织出版社，2019.4（2019.5重印）
ISBN 978-7-5180-5975-1

Ⅰ.①在… Ⅱ.①方… Ⅲ.①人生哲学—通俗读物 Ⅳ.①B821-49

中国版本图书馆CIP数据核字（2019）第035026号

责任编辑：闫 星　　特约编辑：王佳新　　责任印制：储志伟

中国纺织出版社出版发行
地址：北京市朝阳区百子湾东里A407号楼　邮政编码：100124
销售电话：010—67004422　传真：010—87155801
http：//www.c-textilep.com
E-mail：faxing@c-textilep.com
中国纺织出版社天猫旗舰店
官方微博http：//weibo.com/2119887771
三河市延风印装有限公司印刷　　各地新华书店经销
2019年4月第1版　2019年5月第2次印刷
开本：880×1230　1/32　印张：6.5
字数：179千字　定价：39.80元

凡购本书，如有缺页、倒页、脱页，由本社图书营销中心调换

前言

生活中，你可能遇到过这样的事：当一个满脸乌黑、一脸疤痕的女孩走到你的身边时，你第一反应就是：怎么有这么丑的人？其实，如果你细心打量，你会发现，她的笑容很灿烂，当你和她相处一段时间后，你又会发现她有颗善良的心。当你走在一块荒芜的田地里，田里堆满了垃圾，臭气熏天，你会觉得很扫兴，只想尽快离开这里；但是，如果你停下焦急的脚步，你会发现，旁边有郁郁葱葱的小草正在茁壮生长，还有含苞待放的花朵迎着阳光，格外娇艳欲滴。这些美就存在于丑陋中间，关键要靠我们的眼睛善于从丑陋的背后去发现美丽。

其实，我们每个人的生活都是如此，平凡普通。那些惊心动魄的美好千年不遇，而那些点点滴滴的小美丽才是生命的全部快乐的源泉，重要的是你要有一双发现美丽的眼睛。假如我们都用一颗麻木的心去面对，那么，即便那些美丽摆在你的面前，你一样会让它们擦肩而过。

为什么在一些艺术家里的笔下，那些平凡的一草一木都可以那么栩栩如生、生动活泼呢？为什么很多人生活得很清贫简朴，却可以天天笑逐颜开、快乐幸福呢？因为，在他们的眼里，一切都是美好的。

罗丹说：“这个世界并不缺少美，而是缺少发现美的眼睛。”我们都有一双眼睛，用来看世界，但我们的世界观、对世界的认识都是不同的。我们还有另外一双眼睛，它是长在心上的，那就是心智的眼睛。心智的眼睛比自然造化的那双眼睛更为重要，因为它还能告诉我们如何看自己、如何看世界。

生活原本就是平平淡淡，用你的一双发现美的眼睛来审视这个世界，你就会看到，它有太多我们不曾发现的美好，它有太多让我们快乐的理由，它有太多幸福并让我们乐意奉献的人与事。你会发现，世界如此美好。

当然，生活除了平淡外，还充满各种各样的意外，有不幸的、有可笑的、有美好的。当遇到不幸的意外时，我们可能会感叹生活不如意、命运不公平，更有可能变得消极待世，对生活失去信心等。但你需要明白的是，无论现在的情况多么糟糕、生活多么坎坷，那都已经成为过去。下一秒，你迎来的可能是美好的意外。生活总是充满变数的，时间不会为我们而逗留。因而，当你学会面对这突如其来的意外时，或许你已经成功了一半。因此，只有在勇敢面对的基础上随机应变，生活中不美好的意外才不会将你瞬间击垮。

现在，也许你还不知道如何发现生活中那些美好的意外，那么，不妨翻开本书看看，也许你会发现不一样的惊喜。

编著者

2018年7月

目录

第 01 章

认识自我，扬长避短，发掘无限潜能

正确认知自我，才能迅速提升自我

一个人要想提升自我，前提条件就是正确认知自我。生活中，有些人妄自菲薄，也有些人自视甚高，然而，不管是过于自信还是自卑，对于人生都没有好处。只有对自身进行客观公正的评价，准确分析自己的优点和缺点，我们才能有的放矢地提升和完善自我，从而改变人生。

作为古希腊大名鼎鼎的哲学家，苏格拉底曾经说过，如果人生从未思考过，无异于枉活一场。因此，人一定要认知自我。从心理学的角度来说，认知自我应该是主观能动的，也是人们自发的心理活动。然而现实情况是，大多数人并不能对自己作出正确的认知，通常情况下，他们自以为了解自己，其实根本不能正确评价自己，更无法做到客观公正。尤其是对于心底里的潜意识，他们更是常常无意识地回避，最终导致自己都无法洞察自己内心深处的渴望，在这种情况下，又如何与他人形成良好的认知呢！

总而言之，正确认知自我是提升和完善自我的先决条件，如果没有对自我的正确认知和客观评价，我们也就无法在客观公正的角度下考量我们的人生，也就无法拥有充实完美的人生。

每个人都有或多或少的弱点，正是这些弱点让人们无法正确面对和评价自我，也由此导致生活和学习陷入困顿之中。当我们真正做到客观评价自我之后，我们就会因为对优点和缺点的深入分析和洞察而成功提升自我。

挖掘优点，才能充分发挥优点

生活中，我们常常被问及自身的优点是什么，对于这个问题，有些谦虚的人总觉得难以作答，因为他们既不好意思夸大其词地放大自己的优点，又担心因为过于谦虚而无法表现出自身的真实水平和能力。当然，也不乏有些人在这个问题面前无言以对，因为他们根本不了解自身的优点是什么。不得不说，这是对于人生的极大禁锢，因为，一个不知道自己的优点是什么的人，肯定无法充分发挥自身的优点。

木桶理论告诉人们，一只木桶究竟能够存储多少水，并非取决于这只木桶的长板，而是取决于这只木桶的短板。因此，要想提升一只木桶的存储量，最卓有成效的办法就是补足短板，使其变得与长板一样长。听起来，木桶理论非常有道理，而且富含哲理，因而有些人就把木桶理论套用到人的身上，觉得一个人要想提升自我就必须补足缺点。殊不知，这样的想法是有一定局限性的。众所周知，每个人的时间和精力都是有限的，一个人即使拥有三头六臂，也不可能在生活和工作中面面俱到。尤其是在现代社会，竞争如此激烈，生存压力越来越大，一个人要想立足于社会，就必须发展自己的核心竞争力，这样才能为自己赢得一席之地。所谓核心竞争力，顾名思义，就是能够支撑一个人与其他人展开竞争并且取胜的能力。可想而知，这种能力必然是人的长处和优点，而不可能是由缺点转化而成的。虽然，弥补缺点有一定的积极意义，但我们还要把大部分时间用来集中精力发挥自身的长处和优点，从而使得人生拥有更多的选择，也拥有更强的竞争力。由此不难看出，一个人正确认识到自身的优点是多么至关重要的事情啊！

正在读大四的李萌和所有同学一样，每天除了准备毕业论文，就是四处奔波找工作。他几乎每隔几天都要参加一次面试，不过结果都不太理想。原来，即将走出象牙塔的他对于现实还没有清醒的认识，总是想得到最心仪的工作，以致高不成低不就。有些已经找到工作的同学劝说李萌不要对找工作太认真，还说可以骑驴找马，先养活自己再慢慢考虑未来的事情。而李萌却坚持自己的想法：第一份工作对人生至关重要，必须慎重对待，才能少走冤枉路。

经过一段时间的努力，李萌终于再次得到一家大企业的面试通知。他费尽心思，作足准备，整个面试都很顺利，但是，在回答最后一个问题时，有些坎坷。面试官问："你觉得自己的优点是什么？"李萌说："我的自学能力很强，我除了在读的学历之外，还有自学考试的本科学历。"不想，面试官摇摇头，说："我们公司很多人都有双学历，学习能力是我们用人最基本的要求。"李萌又说："我在校期间经常参加社会实践，有丰富的实践能力，对工作也一定能很快适应。"面试官依然笑着说："实践能力在参加工作之后很快就会得到提升，算不上是特别的优点。"李萌思来想去，又说了自己的好几个优点，都没有打动面试官。最终，他突然灵机一动，说：“我很认真执着，做事也有原则，我觉得这也是我的一个优点。比如，我的很多同学轻而易举地找到了工作，但是他们的初衷是骑驴找马，一边工作养活自己，一边再寻找更合适的工作。尽管他们也劝说我这么做，但是我认为这样的行为对于公司和我们自身而言都是很不负责的。我一直在坚持找一份让自己相对满意的工作，这样我才能集中所有的心力投入，从而避免跳槽给自己和公司带来的损失。我的目的是在一家有实力有规模也有潜力有前景的公司工作，从而谋求长远的共同发展。”李萌的话音刚落，面试官就露出了满意的微笑，说：“这的确是你的优点，也是我们用人单位比较欣赏的。”

就这样，眼看着就要宣告失败的面试，在李萌的灵机一动中出现转机，最终柳暗花明，皆大欢喜。其实，每个人都有自身的优点，这一点毋庸置疑，需要注意的是，优点并非有固定的所指。现实生活中，有些人对于优点的理解有些片面，他们就像以前的影视剧塑造英雄人物一样，恨不得在优点的衬托下把自己说得完美无瑕。其实，金无足赤，人无完人，哪里有人是绝对完美的呢？因而，我们必须多角度发掘自身的优点，才能展示出一个生动鲜活、有血有肉的自己，才能让自己的优点得到他人的认可。

认识自身的优点，是充分发挥优点，扬长避短，形成核心竞争力的前提和关键。当然，人都是主观的，在看待自己的时候也难免带有主观色彩。我们在确定自身优点时，一定要尽量客观公正，这样才能正确评价自己。当觉得无法跳脱出主观色彩时，也可以征询身边人的意见，听一听他们对我们的看法，这样也可以综合他们的意见，从而更加公正地评判自己。

别给自己设限，最大限度发掘自身潜力

曾经有人向苏格拉底请教人生中最难做到的是什么事情，苏格拉底回答“认识你自己”。听到这个答案，也许有很多朋友都会觉得可笑，我们从呱呱坠地开始就在认识自己，如此漫长的成长过程中，我们如何能够不认识自己呢？其实，这样的观点并不正确。虽然我们每分每秒都在与自己相处，但是这个世界上不认识自己、不了解自己的人并不在少数。我们看似对自己很熟悉，实际上却是“不识庐山真面

目，只缘身在此山中”，我们根本不知道如何真正认识和了解自己。由此一来，我们也就无法发挥自己的潜力，竭尽所能地改变自己的命运。一个人，唯有认清楚自己，才能最大限度发挥自身的潜力，从而帮助自己创造和把握人生。

现实生活中，不认识自己的人比比皆是，例如，有很多朋友不自量力，对于自己根本办不到的事情，却总是逞强地去干，导致最终的结果非常糟糕。还有些朋友与前者恰恰相反，总是妄自菲薄。他们总是怀疑自己的能力，就像高考报志愿的时候，有些同学明明可以填报更好的大学，但就是因为对自己估量不足，以致缺乏信心，因而以很优异的成绩上了个普通院校。不得不说，这是非常使人遗憾的。我们要想量力而行，对自己的人生准确预估，就要认识自己，做到客观评价自己，取长避短，扬长避短，从而成就最好的自己。

古人云，人贵有自知之明。现实生活中，偏偏有很多人对于自身并没有准确清晰的认识和定位。他们不是妄自菲薄，就是妄自尊大，因而无法认清楚自己，更无法发挥自身的主观能动性、提升和完善自我。所以，朋友们，假如你们想要赢得人生、创造辉煌，就要努力认清自我，从而争取得到更好的发展。

扬长避短，让人生大放异彩

一只木桶能盛多少水，并非取决于木桶中最长的那块板，而是取决于木桶中最短的那块板。假如这个木桶的短板很短，那么，即使它的长板很长，它也无法装多少水。这就是著名的木桶理论，人们也将其称为短板效应。自从这个理论问世，很多人都意识到，在企业管理之中，要想提高企业整体水平，就必须注重弥补企业的不足之处。同样的道理，人也是有长处和短处的，那么，要想提升和完善自己，又要怎么做呢？按照木桶理论，貌似我们应该弥补自己的缺点，从而让自己得到提升。实际情况却是，尺有所短，寸有所长。一个人要想提升自我，一味地弥补缺点是远远不够的。因为缺点就是缺点，一个人即使再怎么努力，也很难把缺点转化为优点。在这种情况下，我们必须扬长避短，把自己的优点发扬光大，这样才能让自己的人生绽放异彩，辉煌灿烂。

细心的朋友们会发现，很多在特殊领域有独特贡献的人，都是因为他们抓住了自己的优点，最大限度发挥自己的优点，所以才能做出杰出的成就。举例而言，有一些伟大的数学家在语文方面一窍不通，也有很多文学家对于数学一窍不通。假如我们非要逼着数学家学好语文，又让文学家必须精通数理化，那么无疑是强人所难，也不会有任何好的效果。总而言之，我们要认清楚自己，顺应自身的优势所在，让自己得到最大限度的发展。

拒绝自卑，你是独一无二的个体

人们常说，金无足赤，人无完人，这句话非常有道理。在这个世界上，从未有过十全十美的人，也没有过只有缺点没有优点的人，正是这些优缺点，才使我们成为有血有肉的鲜活的人。虽然我们承认没有任何人能够十足完美、远离缺点，但是我们也必须更加关注缺点，而不能放任缺点发展。否则，这些缺点就会不断地扩张和恶化，最终导致我们的人生变得被动。

当然，我们也无须因为弱点而自卑，归根结底，只要我们主动出击，改变自己，假以时日，这些弱点在都是可以得到有效改善的。例如，有很多朋友从小就性格内向、胆小自卑，但是这并不意味着他们长大之后不会改变。只要他们发自内心地想要改变，他们就能够让自己越来越接近期望的样子。

从小，旭旭就是一个特别自卑内向的孩子。因为父母离异，她总是沉默寡言，从幼儿园到小学，再到初中、高中，甚至包括大学时代，她都默不作声。偶尔被老师点名提问，她才会小声回答。就这样，旭旭在沉默和自卑中度过了人生中的学习阶段，如今她已经大学毕业，必须马上工作，帮助单身的母亲供养弟弟读书、上大学。

旭旭很清楚，这些年来母亲孤身一人抚养她和弟弟长大，简直吃足了苦头。所以，她也很愿意尽快工作，从而帮助母亲照顾家庭、分担重任。然而，现代社会大学生简直太多了，旭旭并没有因为大学毕业就找到合适的工作。在四处奔波一个多月没有找到合适的工作后，她决定选择销售工作。众所周知，销售工作虽然入行门槛较低，相对容易，但是，没有销售业绩就没有薪水，这样残酷的考核机制使得很少有人能够把销售工作做好。旭旭原本是个不愿意说话的人，如果进入销售行业，她不得不逼迫自己多多表达，和客户进行良好沟通，才能成功展开工作。最初，旭旭的确很不习惯，但是，随着时间越来越长，她每天都逼着自己战胜自己的羞涩，勇敢地与他人交流。日久天长，她果然变得越来越开朗，工作表现也更加优秀了。

每个人都有优点和缺点，这些缺点不断发展，也许会成为我们的弱点。但是，只要我们像事例中的旭旭一样，在认识到自身的问题之后就马上勇敢面对、积极改进，那么弱点就不会成为我们人生的障碍。对待弱点，最不应该的就是逃避。倘若我们总是回避弱点，不敢正面面对弱点，任由弱点发展下去，弱点就会成为我们人生的阻碍，导致我们的人生发展受到限制。

尤其是对于年轻人而言，看清楚自己是一种智慧。不管什么时候，我们都要努力看清自己，并且要针对性地改变和超越自己。现代社会瞬息万变，我们只有与时俱进，让自己成为有才华有能力的人，才能得到自己梦寐以求的成功，才能最大限度地让自己变得优秀起来。

做自己擅长的事，才能充分发挥优势

扬长避短的做法不管在哪一个领域都有着非常现实的意义，每个人都有自己的闪光点，这也就是我们所谓的长处，是自己的优势所在。如果我们对它进行深度挖掘、投资，你会惊喜地发现，你的行动往往能取得事半功倍的效果。

但现实生活中的很多人认为做自己应该做的事情就已经足够多了，已经无暇分身再思考别的了，或者说做自己能做的事就行了，但事实上，这仅仅是最无奈的选择和做法。知道自己最优越的能力，做自己最擅长的事，充分发挥自己所具备的素质和内涵，实现应有的自身与社会价值，这才是最明智之举。

在竞争的路上，那些具有灵性、聪明的人都知道寻找最合适的方法做擅长的事，走熟悉的道路，这就是通向成功的捷径。走捷径会使你摆脱很多不必要的干扰，走捷径会使你觉得成功近在咫尺。

美国微软公司总裁比尔·盖茨有一句口头禅：“做自己最擅长的事。”这句话被众多的企业家所认同。如果你留心那些成功人士，就会发现他们的一个共同特征：不论智商高低，也不论他们从事哪一种行业、担任何种职务，他们都在做自己最擅长的事。

盖洛普名誉董事长唐纳德·克利夫顿曾说过：“在成功心理学看来，判断一个人是不是成功，最主要的是看他是否最大限度地发挥了自己的优势。”可往往有些人不在意这些事，觉得天底下没有自己干不了的事，没有自己做不成的行业，盲目地“挑战极限”，结果不言而喻。

无论一个人具备多么好的天赋、多么高的智商，他也无法将所有能力收于囊中，难免存在优势与劣势。就才能而言，有人敏于感知，有人善于记忆，有人强于创造，有人思维活跃，有人逻辑缜密，有人判断客观，有人处事巧妙……既然人各有所长，也各有所短，那就应该处理好“长与短”的关系。大凡聪明的人，都会懂得“善用其长，不显其短”的道理。一般来说，善取长弃短者，都能将自己的优势发挥到最大化，反之，“舍长就短”者，便难以被称为智者。

能力是成功的资本，但对很多人来说，发现自己的能力，即擅长做什么，是一个比较困难的事情。因为他们宁可相信别人，也不相信自己。其实，任何人都不必看轻自己，要相信自己是独一无二的。社会上大多数的人，只会羡慕别人，或者摹仿别人，很少有人去认清自己的专长、了解自己的潜能，然后锁定目标，全力以赴，因而大部分人不能够成大事。会有这种结果，也只能怪罪自己。擅长来源于兴趣，如果没有兴趣，就不可能产生对某个领域进行接触和深入了解的欲望，当然也就不可能有这方面特长和经验的培养和积累。

每个人的优势不同，善于发掘自己的长处，做自己擅长的事，这就是属于你自己的一笔宝贵的财富。将优势发挥到最到化，不断给大脑充电，不断给予优势一定的营养，你会发现你正在将自己的财富升值。

第 02 章

认真对待生活，生活也会回以美好

热情，让你学会享受生活

生活是属于每一个人的，但每个人对它的态度不尽相同，有些人认为生活是美丽的、精彩的；而对另一些人来说，生活却是灰暗的、凄惨的。其实，生活是由人们自己创造的，你若对生活充满激情，生活就会还你一片温暖；你若对生活不咸不淡，受到一点挫折就停滞不前，自然看不到生活美好的一面。当你能够拿出全部的热情交付给生活时，你会发现，你的人生将会流光溢彩、无比美丽。

办公室里有两个女同事——小月和小敏，她们年龄相仿、能力相当，但是大家对待她们的态度截然不同。

小月是一个漂亮的女孩子，一开始大家都喜欢跟她亲近。

同事：小月，楼下新开了一家服装店，我们去逛逛看吧！

小月：没意思，我不去。

同事：那我们去街角那叫小馆吃饭吧，听说那家出了新菜单，我正想去尝尝呢！

小月：没吃个饭还要跑那么远，你们去吧，我不去。

同事：那我们一起去看场电影吧，新上的电影很不错。

小月：为什么要去看那些明知是虚假的故事，这太没有意思了！

同事：小月，你对生活太没有热情了，你需要谈个恋爱。

小月：更没有兴趣，我觉得一个人挺好。

这样的对话经常发生，久而久之，就不再有人跟小月搭话了。日复一日的枯燥工作让小月觉得十分厌烦，她总是一个人吃着重复的菜色，做着重复的工作，她不知道怎样摆脱这样一个恶性循环，也不知怎样去改变。在她看来，生活平淡得像一杯白开水，如果用颜色来形容的话，小月的生活就是一片浅白色。

另一个女孩小敏就不一样了，她的外表算不上美丽，衣着也算不上有品位，却有很多同事很喜欢跟她在一起，原因就是她对于生活有极大的热情。

小敏偶尔在街上看到有人卖刚出生的小鸡仔，她会很开心地挑两只带回家去养，时不时地晒一晒小鸡长大的照片；她会带朋友们去小河里摸鱼，让炎热的夏天变得清凉而又开心；她还在自家的阳台上开辟了一小块菜地，不厌其烦地翻耕施肥浇水。她每天都有很多的事情要做，有很多的话要说，为一件小小的事情而去投入很多的精力。

她做的这些事情小月都不会去做，或者说小月不喜欢去做，小月不会去计较小鸡今天吃的是青菜还是小米，也不会去管今天的菜市场是否会有新鲜的蔬果，在小月看来，那样的生活太过琐碎，甚至有些厌烦。而小敏天天都这样乐此不疲地忙活着，每天都有一些小得不能再小的事让她开心不已，和小敏相处的人也都被她这种简单的快乐感染，更喜欢与她交往。这种充满了激情与欢乐的生活，正是小敏对生活充满热情的真实反馈。

德国著名诗人弗里德里希·荷尔德林曾说：人，诗意地栖居在大地上。这是多么浪漫的一句话！但现实是，有些人为了生计而奔波，满面尘土，满心坎坷，他们被日常琐事磨掉了新奇感，减少了对生活的热情与期待，他们像滩死水，永远沉稳、静止，生活中少了一些流动和斑斓，空洞得没有一丝色彩。

但对于热爱生活的人来说，他们可以每天都发现新的事物，每天都会有不同的快乐，不管这快乐来源于何处，他们总能找到。生活于他们，是美酒，是甘露，是快乐。他们的生活，用颜色来形容的话，就是流光溢彩。

满是热情的人，能将所有的心思投入生活中，他们能将一顿普通的晚餐布置得温馨又浪漫，让你在享受食物的同时，收获满满的感动。而这一切若让对生活缺少热情的人来做，即使是山珍海味，也会让人感觉索然无味。

热情，是对生活充满期望、对人生满怀激情。有了热情，就有了力量来完善一切，使人生更加完美。拨开心灵的迷雾，热情地拥抱自己的人生，你才会发现，人生其实真的很美好。

当一个人能用一个热情乐观的态度来看待生活、对待人生，只要兴趣不减、热情不灭，乐观、积极、坚强地面对现实，他就能真正地享受快乐。

以小见大，从细节才能窥见精彩生活

我们都知道，生活是由许许多多微妙的细节构成的，有些细节看起来不足为奇，却拥有化腐朽为神奇的力量。秦丞相李斯曾在《谏逐客书》中说，“泰山不拒细壤，故能成其高；江海不择细流，故能就其深”，意思是说，泰山之所以有这样的高度，正是因为不拒绝渺小的土壤，堆砌而成，才能形成如今的成就。江河之所以有这样的深度，正是因为不拒绝细微的溪流，汇流而成，才能形成如今的规模。也许，人们就是因为疏忽了一个又一个微小的细节，才会错失了人生旅途上的许多机遇。如果你能做好生活中的每一个细节，那么，你将打开一个全新的窗口，窥见精彩的生活。

向辉大学毕业后，很快就被一家规模很大的医疗器械公司录取，录取的职位是热线工程师。一开始，同学们还很羡慕他能够挤进这家业内闻名的大公司，但听到他被录取的职位后，大家就对他羡慕不起来了。我们都知道，热线工程师的工作很单调，主要是为购买公司产品的用户提供咨询服务，并且能够简单地指导用户处理好机器故障。因为工作内容简单，没有技术含量，工资又低，很多人都认为这个职位没有什么发展，因此这个岗位的流动性特别大，很多人还没有经过三个月试用期，就选择了离开。大家都觉得，以向辉的聪明才智，用不了多久，他就会从这家公司辞职，另谋高就。

不过，几个月过去了，向辉非但没有辞职，反而愉快地告诉自己的朋友们，他认为这份工作很有意思，现在他干得很起劲。朋友们都疑惑不解，一个小小的热线工程师，工作千篇一律，能有什么意思呢？

答案其实很简单，就是向辉认真地完成了老板交给他的每一个工作，并从中发现了做好它的诀窍。

作为一个热线工程师，向辉大部分时间都是坐在电话机前回答客户的问题，但如果一味地按照公司提供的故障手册来回答，并不能及时有效地解决客户的疑问。向辉发现，公司很多老员工都发现了这个问题，却没有人想去主动解决，是啊，工资这么低，工作内容又这么枯燥，只要按时把手头的工作完成就好，谁还去考虑怎么把这件事做好呢，考虑那么多又能有什么用？

不过向辉并没有这么想，每天下班后，他都拿出很多时间来研究公司的设备，休息时间也都会去和技术部的老维修工讨论维修的细节。几个月下来，他对公司产品的了解远远超过了那一本故障手册，他能在用户提出问题的时候帮用户分析故障产生的原因，并提供最佳的维修方案。努力总是会有回报的，不久，向辉就发现，有越来越多的用户愿意把电话打给他，每天从总机转到向辉分机上的电话是其他工程师的好几倍。

公司总经理也发现了这件事，他也想看看向辉是不是真的像别人说的那样厉害，他假装是一个第一次使用设备的用户，打电话向他求助，通话结束后，他不得不心服口服。向辉不仅帮他解决了问题，还将第一次使用设备可能会遇到的问题清楚明白地讲解给他听。总经理很惊讶，他实在无法想象，一个小小的热线工程师，居然懂得这么多技术上的知识，简直比那些做了多年的技术人员了解得还多、还全面。很快，向辉就升任热线服务部的经理，他之后的生活也变得更加充实、精彩。

何为细节？一位大师曾形象地刻画过：如果说“大节”是脊椎，细节就是脊椎的每一个骨节，少了哪一节，都足以让躯体瘫痪。细细品味，事实确实如此。倘若生活是一座巍峨的高山，细节就是山路上的一块块碎石。人们在登山的旅途中，常常感到寂寞和疲惫，渐渐失去了攀登的热情，但如果你能坚持，迈过碎石，拨开云雾，你就一定能够登上高山，远眺雄壮、美丽的风景。

在历史的长河里，勇于做大事的人何止千万，但成功的能有几何；深知人生箴言的人也不少，但能认真做好每一个细节的人并不多。倘若人们都能远离心浮气躁、好高骛远的恶习，从细节做起，从小事做起，认认真真地挖掘人生真谛，就一定能够看到属于自己的美好风景。

万事随缘，方能顺其自然

生活中，我们常常听到“机缘”一词，所谓“机缘”，即使“机会”和“缘分”的意思，顾名思义，就是凡事不可强求，顺应自然，我们才能够心境平和、淡泊自然。诚然，我们总希望万事如意，但这只是我们的美好愿望，我们无法掌控事态的发展，因此，与其殚精竭虑，不如顺应机缘，这样，我们才会有个灿烂的好心情。

生活中，常有人会有这样的感慨和迷惑：“为什么他（她）不喜欢我了？”“为什么要离开我？”“为什么会是这样？”其实，若从机缘的角度看，不喜欢不需要任何理由，喜欢也不需要任何理由；理解不需要任何理由，不理解也不需要任何理由。缘分就是缘分，不需要任何理由。随缘不变，则是不违背真理。庄子妻死，他知道生死如春夏秋冬四季的变化运行，既不能改变，也不可抗拒，所以他能“顺天安命，鼓盆而歌”；不然，人死不能复活，再悲伤又有何用？人生在世，为了梦想免不了要奋斗拼搏，但爱拼未必就一定能赢，许多时候，我们的努力要么付之东流，要么收效甚微。这时，怎么办？最好的办法只能是随缘自适，淡看结果。因为很多事情你越想得到它、越汲汲以求，反而会越远离你，正所谓人生贵随缘，万事不强求。以上这个方向的立意着眼于事情的结果而不是过程。

如此看来，随缘实在不是放弃追求，没有原则，得过且过，听天由命，而是让人以豁达的心态去面对生活，尤其是追求的结果，因为有许多事情确实是个人的主观努力无法解决的，所以古人才有所谓“尽人事而知天命”的感喟。

“有缘即住无缘去，一任清风送白云。”人生当然要有所追求，求而得之，我之所喜；求而不得，我亦无忧。若如此，人生哪里还会有什么烦恼可言？苦乐随缘，得失随缘，以“入世”的态度去耕耘，以“出世”的态度去收获，这就是随缘人生的最高境界。

总之，如果你想活得辉煌，你就得活得痛苦些；如果你想活得随意，你就会活得快乐些。生活本身就是平淡的，花开花落，云卷云舒，花未动，云也未动，只是心在动。如果我们能秉持花开花落的平常心态，对个人的荣辱得失泰然处之，做到自然而不牵强，自重而不炫耀，自信而不傲慢，自强而不失谦逊，这是何等的境界！

繁华如梦，平淡才是生活的真谛

生活在商品经济的大潮里，每个人都要面对物欲横流的红尘世界诱惑，那些纷纷扰扰的现实，时刻都在迷惑着眼球，欲望追求加快了人们前进的脚步，我们总觉得不远处的鲜花和掌声正在向我们招手，不容我们用更多的时间去欣赏周遭的风景。当我们殚精竭虑地攫取了满怀的鲜花抑或白发苍苍时，却又会发现曾经在路边绽放的盈盈小花更加惹人爱怜，然而，我们常常已没有机会再回头去观赏它的淡雅美丽了。

可见，有时，我们要懂得享受那些平淡的快乐。一切繁华皆是过眼云烟。

事实上，现实生活中，很多普通人都过着万万不能的“没钱”的生活。所以，人们有理由认为富翁是幸福的，因为可以到山清水秀的地方度假，因为有财富有手下可以支配。可怜的绝大多数还没有成为富翁的人，只能用毕生时间去追求财富，按照富翁成功的方向和方式为钱而奔波，且不知道能否最终成为富翁。而事实上，他们没有发现，他们在寻找的财富这一棵树的同时，忽视了原本就可以为自己带来快乐的大片森林，诸如亲情、友情等。

是啊，有时候我们苦苦追求的所谓的幸福与快乐，其实就在眼前，只是我们不知道珍惜和知足而已。我们中的很多人，也经过多年的打拼和艰苦的奋斗，也许会有所成就，然而，难道一生就只能如此忙碌地拼搏到死吗？其实，享受真正的人生之旅，比直到那旅程结束时还没有感受到快乐重要得多。

人是一种有着美好憧憬的动物，年轻的时候，我们总是想着，等到老了以后，得到了许多物质的满足，再去好好享受，去环球旅行；当我们有了孩子的时候，总是惦记着让子女好好享受。至于自己到底需不需要享受，自己什么时候享受，却从不去认真考虑。所以，事实上，很多人不会享受。

享受生活，归根结底是一种心境。享受的关键在于寻找快乐的人生，而快乐并不在于人自身拥有多少、获得多少、生活质量如何，而是在于其怎样看待周围的人和事情，怎样让自己拥有一颗接纳一切快乐事物的心。

生活的意义在于感受幸福，在于享受此刻的生活。幸福和爱向来都是孪生兄弟，哪里有爱，哪里就会有幸福的花朵盛开。

静下来，一切都来得及

现代社会，生活节奏越来越快，很多人都不堪忍受如此快节奏的生活，因而导致压力倍增，甚至难以承担。尤其是在日新月异的变化中，我们稍微慢下一个节拍，就会跟不上生活的脚步，乃至在生活中变得迷茫。由于生活环境的影响，我们也变得越来越浮躁，不但做事情急功近利，在面对生活的诸多挑战和考验时，也会失去理智和平静，导致手忙脚乱。

如今，汽车已经走进千家万户，在早晚上下班的高峰期，因为道路的局限，所以堵车的情况时有发生。如今有很多的路怒症司机，他们看到前面开车的人行动不够迅速，或者遭遇其他司机的不良影响，都会突然变得非常愤怒，甚至恨不得当即下车与对方理论一番，甚至打一架。不得不说，这样的情绪对于安全驾驶是非常糟糕的，也不利于和谐社会的建设。为了适应现在的忙乱生活，我们必须摆正心态，适时地为自己的心灵减压。唯有如此，我们才能尽量控制自己，保持清醒和理智，从而避免惨剧的发生。前些日子有篇报道，杭州某地祖孙三代四口人被砍伤，其中年龄最大的伤者因伤致死，年龄最小的受伤者只有十五个月。不得不说，如此的变态行为，与人心的浮躁也是脱不了关系的。

人生路上，虽然我们急于达到目的，但是目的并非人生的唯一。如果说人生是一趟未知的旅途，那么我们最重要的是在沿途欣赏美丽的风景。朋友们，假如你们现在还在奔跑，不如放慢脚步，看看路边的花儿，用心陪伴孩子成长，也在忙碌的工作之余常回家看看。当你真正慢下来、享受慢生活时，你会发现生活中不乏美景和惊喜。

现实生活中，有的人穷尽一生忙忙碌碌，最终却根本不知道自己为什么而忙、到底在忙什么。不得不说，这样的人生是很悲哀的。其实对于人生而言，除了生死，没有任何事情是重要的，也没有任何事情是迈不过去的坎儿。我们为之忙碌的金钱名利，到头来，生不带来死不带去，人生如果局限于这些物质和金钱，最终注定要成为一场空。

人生路上，每个人都追求幸福，殊不知，幸福只是人生的一种心态和感受。假如我们在人生路上一路奔波，那么我们就会距离幸福越来越远，因为我们根本无暇顾及幸福，而且幸福和我们拼命追求的东西也毫无关系。真正聪明的朋友，一定会知道询问自己的内心，弄清楚自己真正想要的到底是什么，因为这样才能避免在人生路上本末倒置，才能找到人生的真谛。

所谓慢生活，不仅是指速度慢，更是指我们要有一颗淡定从容的心。我们唯有真正放慢节拍，才能让自己的人生更加慢下来，我们正好可以借此机会欣赏人生道路两旁的景色，何乐而不为呢！很多老司机都知道，在路口要宁停三分、不抢一秒。在人生路上，我们也应该知道，宁愿慢一些，也不要过分焦急，让人生仓皇奔逃。

自得其乐，学会和自己做朋友

秋天来了，原本青翠欲滴的树叶渐渐转黄，从枝头飘落。树叶凋零，树干失去了最亲爱的陪伴，原本的一树繁华就这样悄然消逝，它不得不独自面对这凄凉的秋天。曾经，我们或许也以为生命是永恒的，死亡似乎距离自己非常遥远。然而，随着年岁渐长，父母老去，更有很多祖辈生命衰弱，最终撒手人寰。仔细想来，人生其实没有太大的意义，在生死的轮回之间，无数人都感到迷惘，也不知道生命的意义到底何在。的确，人生就是生死的轮回，只有从容，才能帮助人们更好地享受生命，否则，若怀揣着一颗焦灼不安的心，又怎么可能在命运中崛起呢?

现实生活中，很多人都操心着他人的生活，总是对他人的人生指指点点，却从未想过自己也是被他人关心的对象，甚至因为他人的妄加评论而迷失方向。正所谓谁人背后无人说，谁人背后不说人。每个人既是说别人的人，也是被别人说的对象，在这样的迷惘状态下，人生都变得无可奈何了。

实际上，人生到底如何，完全是属于自己的事情。哪怕是父母把孩子带到这个世界上，对孩子付出所有的心力，他们也无权干涉孩子的生活，更何况是毫无关系的陌生人呢？无论怎样的人生，都是每个人自己的选择，这一点毋庸置疑。所以，我们既不要因为别人的随意评价而改变自己，也不要总是管不住自己的嘴巴，非要对别人的生活发表评价。明哲保身，听起来这样的人生态度有些冷漠，实际上却是最合宜的。

现实生活中，大多数妈妈都很疼爱女儿，辛辛苦苦抚养女儿长大，而一旦看到女儿到了恋爱结婚的年纪却没有任何风吹草动，她们就会抓狂，甚至会迫不及待地催促女儿结婚。不得不说，这种对于孩子婚姻大事的态度是很草率的。众所周知，结婚是件大事情，一招走错，即便不至于满盘皆输，也会对女孩的人生产生很大的影响。作为世上最爱女孩的人，父母与其催促女孩结婚，不如拓展女孩的人际交往范围，让女孩有更多机会认识生命中的白马王子。

每个人都有权利享受自得其乐的人生，正如但丁所说的，走自己的路，让别人说去吧！唯有不断地享受人生、创造人生，人生才能充实且更加绚烂。

第 03 章

挣脱束缚，大胆前行，勇敢做自己

人生不需要那么多条条框框

生活中，有的人活在“年龄”这个框框中——“我太年轻了，没有经验，不能成功”“我太老了，已经没有力量去拼搏了”。其实，这些人之所以会有一个毫无生气的人生，原因在于他们没能跳出固定的框框。还有的人活在能力的框框中，他们总是对自己说：“我没有这个能力，所以我不能做到。”有的人活在性别的框框中，总是对自己说：“我是女人，不像男人可以做事业，所以我做不到。”有的人活在过去的经验中，总对自己说：“因为我有经验，我以前失败过。”如果我们对自己人生的某些地方不满意，那一定是有某些框框限制了自己的行动，我们只有跳出框框，不再较真，才能活出自由绚丽的人生。

王先生在20岁左右的时候，他梦想着自己成为一个培训师，但是，他想，自己才20岁，怎么可能成功呢？至少要40

岁以上才有人听自己演讲。由于一直给自己设定框框，他一直没有成为一个培训师。等他到了40岁的时候，他才发现时间是不等人的。这时王先生决定跳出“年龄”这个框框，大胆突破，他以个人的经历进行职业生涯规划的培训并巡回演讲，开发出自己的潜能，改变了人生。

有一次，王先生在一个单位进行一个商务礼仪方面的培训，一位姓刘的学员听他讲课，他问王先生：“老师，我的梦想也是当培训师，但是我做不到。”王先生问道：“为什么？”那位学员回答说：“因为我刚20岁，你们这些培训师都40岁了，有经验，经历丰富，我年纪太小了。”当时王先生听了很惊讶，但他还是教导说：“其实是你把自己设在框框当中了，跳不出框框，也就达不到自己所想要的结果。你年轻，充满活力与朝气，这就是优势，世界第一的演说家安东尼·罗宾23岁就成功了。”后来，经过王先生的指导，那位学员不但跳出年龄的框框，而且很快开始行动，现在已经是一位管理顾问公司的负责人了。当然，听到这样的消息，王先生对那位学员跳出框框之后的成长感到很欣慰。

每一个平凡人的成功，都是源于他们能够勇于突破框框，向原本认为自己不能做的事情挑战，这才有了登峰造极的机会。其实，每一个人在生命的旅程当中都有一些框框，那些框框就好像一条绳子，紧紧地禁锢着我们自由的心灵。因为固执、较真，我们总不愿意相信自己是可以跳出框框的，所以才造就了失败的命运。

框框，它会扼杀创造性思维、解决方案和创造力，它是外部环境强加给我们的。一位禅宗老师说："跳出框框的指南就写在框框之外。"有时候，束缚我们的框框是我们自己创造的，在这个世界上，也只有我们自己才有力量挣脱束缚，给心灵一个自由的空间。

那些不敢跳出框框、在框框里徘徊的人，其实大多都是比较自卑的人，他们不愿意相信自己有能力去做成一些事情，在内心深处，他们是自卑的，因此，他们只能在框框里忍受被禁锢的痛苦，却没勇气跳出框框。当然，跳出框框的勇气来源于自信，我们只有充分地相信自己，才有力量和决心来跳出框框，否则，我们只会终生徘徊在框框里。

换个角度看问题，突破思维的界限

我们都知道，人生在世，谁都不会事事顺心，多半时候还都会遇到不顺心的事。此时，如果我们自暴自弃，那么，人的一生就是失败的；而如果我们能突破思维的界限，看到美好的一面，然后朝着积极的方向努力，那么，事情也许就不是那么难了。

大多夫妻生活在一起久了，彼此之间更会发现对方越来越多的缺点，却很难发现对方的优点，而这些与恋爱时的感觉是完全相反的。这是为什么呢？因为我们眼里容下的只是对方的缺点，所以夸大了对方的缺点，而对他（她）的优点视若无睹。于是，矛盾自然就会产生，对对方的厌倦自然就会产生。学着发现他（她）的优点吧，想着他（她）对你的好。原来，他（她）是那么值得你去珍爱的。

生活中，很多人总是抱怨自己活得累，烦恼不断。而其实，谁没有烦恼呢？只要生存，就有烦恼。痛苦或是快乐，取决于你的内心。人不是战胜痛苦的强者，便是向痛苦屈服的弱者。再重的担子，笑着也是挑，哭着也是挑。再不顺的生活，微笑着撑过去了，就是胜利。

要想看到人生的美好，首先，我们要懂得换位看世界。

其实，有时候，事物是美丽还是丑陋，其实关键在于我们怎么看。因此，我们要善于去发现，当我们用眼睛去细心品位事物时，会发现这也是一种幸福。

再者，你要相信生活中充满“美丽的意外”。

生活中总是充满着各种各样的意外，有不幸的、有可笑的、有美丽的。当遇到不幸的意外时，我们可能会感叹生活不如意、命运不公平，更有可能变得消极待世，对生活失去信心等。但你需要明白的是，无论现在的情况多么糟糕、生活多么坎坷，那都已经成为过去。下一秒，你迎来的都可能是美丽的意外。

逆向思维，一切都会柳暗花明

很多人都有了思维定式，不管是待人处事还是解决问题，都因循守旧地按照既有的思路进行思考，也根据现有的办法解决问题，由此总是无法推陈出新，也很难独辟蹊径。其实，倘若我们掌握了逆向思维的方式进行思考，那么我们就能够曲径通幽，不再沿袭旧有的方式，更不再受到陈腐思想的禁锢。

所谓逆向思维，顾名思义就是逆向进行思考的方式。举例而言，有很多人思考问题都是由因及果，我们在进入思维的死胡同之后，不如改变方式方法，由结果推导原因，也许最终反而能够知道自己此时此刻应该如何决定和选择。当我们熟练运用这种思维方式时，就会发现很多难解的问题都能得以解决，甚至困扰我们的难题也会迎刃而解。在前两年热播的电视剧《芈月传》中，小小年纪的嬴稷在面对惠文王“攻韩还是伐蜀”的选择上，在去了文人志士们辩论的地方之后，听取了各家之长，然后又根据自身的判断，最终进行逆向思考，没有和大多数人一样主张攻韩，而是建议惠文王伐蜀，由此不难看出其过人之才。嬴稷也因此赢得父王的赏识，最终在武王去世之后回到秦国，和母亲芈月一起平定秦国的动乱，攘外安内，最终把秦国治理得井然有序、国富民强。

很久以前，哈桑借给一个商人两千元钱，并且取得了商人亲笔书写的借据。眼看着还钱的期限就要到了，哈桑却突然发现借据不知道什么时候丢了，即便翻箱倒柜，也找不到。哈桑很着急，他很清楚那个商人的为人品性，如果自己拿不出借据，那个商人是不可能到期还钱的。思来想去，哈桑也没有想出好办法，在朋友纳斯里金来访时，他就把这个难题告诉了朋友。朋友想了想，说："这个问题好办，再让他给你写一份字据就好了。"哈桑苦笑着说："要是他能再给我写一份字据，我当然不为此发愁了。问题是，一旦他知道我的字据丢了，一定会赖账的，又怎么会给我再写一份字据呢！"朋友笑着说："你现在就给他写封信，让他等到到期的时候把借你的两千五百元还给你。"哈桑更加难以置信地看着朋友："他能把借我的两千还来就不错了，怎么可能还给我两千五呢！"朋友高深莫测地笑着，说："你只管这么写，其他的就不要管了。"

哈桑按照朋友所说的给商人写了一封信，提醒商人按时归还两千五百块钱，果然，商人很快就回信了，信中写道："我向你借了两千块钱，而不是两千五。到期的时候，我会按时还给你两千块钱的。"就这样，哈桑如愿以偿地得到了商人的"借据"，再也不用担心商人因为没有借据赖账了。

为了从商人那里得到借据，又不能直截了当地告诉商人借据丢了，因而纳斯里金逆向思维，为哈桑想出了这样一个好办法，最终成功解决了哈桑的难题。现实生活中，像这样运用逆向思维的方法解决问题的例子并不少见，只要我们能够成功巧妙地运用逆向思维，就一定能够恰到好处地解决问题。

尤其是对于很多特殊问题，与其根据条件推导结果，不如根据想要的结果逆向而为，推导现在应该怎么做，这样一来，也许反而能够事半功倍，也使得问题简单明了。中国古代司马光砸缸救人的故事就是典型的逆向思维，通常情况下，人们救溺水之人总是想办法使其脱离水，司马光急中生智，砸碎了缸，释放了水，也救了小朋友宝贵的生命，可谓聪明机智。只要是有心人，在生活中一定能够找到很多逆向思维的好方式，也能够为自己的生活和工作带来更大的便利，或者提高处理事情的效率，可谓一举数得。

现代社会人才辈出，职场上竞争激烈，每个人都想脱颖而出，得到领导的赏识和重用。在工作的过程中，如果身边的很多同事都习惯于传统思维，而我们则能够运用逆向思维解决问题，那么一定能够鹤立鸡群，从而如愿以偿地得到领导的赏识，职业生涯的发展自然也更加顺畅通达。总而言之，人生之中每个人都会遇到各种各样的难题，也会遭遇形形色色的困境，我们必须学会运用逆向思维，才能拓宽人生的道路。反其道而行，使我们能够独辟蹊径，事半功倍地解决问题。

别把固执当作执着

大圣人孔子曰："毋喜、毋必、毋固、毋我。"在这四个"毋"中，固执是最最要不得的。生活中，常常有人自夸执着。殊不知，很多时候，人们都分不清执着和固执。虽然这两个词语只有一字之差，意思却大相径庭。执着是一种可贵的坚持，最终会有所收获，但是固执则是一种偏激的坚持，往往是因为心理狭隘导致的。

如果一个人很固执，他往往不能接受别人的意见或者建议。他始终认为自己是对的，别人是错的。如此一来，他所犯的错误就没有改正的机会，最终可能酿成大错。孔圣人说的四个不要，不固执是中心。执着的人不会轻易放弃，但是能够听进去别人的金玉良言；固执的人全都是死脑筋，总是想把自认为对的事情灌输给别人，而毫不在乎别人的所思所想所感。因此，固执的人不但自己活得累，也会令身边的人疲惫不堪。

现代社会是多元社会，很多事情的解决方案都与以往不同。因此，在遇到事情的时候，死钻牛角尖的人肯定会吃亏。固执的人往往特别看重自己的尊严，有的时候，为了维护那可怜的尊严，他们宁愿付出比变通大得多的代价。或者即使知道自己错了，他们也不会认错，而总是把一切劝他变通的人和话都视为别有用心。在生活和工作中，这样的人其实很多。他们总是爱表现得特立独行，以此吸引别人的眼球、博得别人的注意。对于这样的人，我们可以绕道而行，因为与他们争论毫无意义。当然，也正因为认识到固执的恶劣影响，我们自己千万要时刻自省，不要在不知不觉间变成一个固执己见的人。

每个人都生活在社会中，与形形色色的人打交道。对于任何人来说，都没有完全的自由，因为人不可能脱离其他个体独自生存。所以，我们不但要赢得别人的尊重和理解，也要学会理解和尊重他人。正所谓己所不欲勿施于人，我们应该设身处地地站在别人的角度考虑问题，从谏如流地接受别人的合理建议。从心理学的角度来说，不管是在生活还是在工作中，每个人都需要得到别人的认可，这种心理迫切希望得到满足。所以，不管什么时候，不管是占理还是不占理，我们都要学会给别人留有余地，也给自己留下回旋的空间。这与圆滑、世故无关，而是一种处世的哲学。

敢于超越自我，才能打破囚牢

一个人如果总是胆小怯懦，遇到事情时踌躇不前，那么他永远也无法获得出路，更别说看到成功的曙光了。过度的胆小就像是一个无形的牢笼，把我们紧紧地束缚住，使得我们在人生需要展翅翱翔时根本无计可施。当然，一味地羡慕高空中的雄鹰也是不现实的，毕竟每个人都有自己独特的能力，都是与众不同的个体。因而，我们必须准确认知自我，超越自我，才能客观评价自我，打破限制自我的囚牢，使得自我得到最大限度的发展。

细心的人会发现，生活中常常有些人经历相似，然而他们最终的结局则不尽相同。究其原因，就在于他们对待人生的态度不同，这也就导致了他们截然不同的命运。诸如有些人在面对困难时能够一往无前，哪怕风雨泥泞，也要坚持前行；相反，有些人哪怕只是遭遇小小的坎坷和挫折，也马上偃旗息鼓，裹足不前。尤其是当事情的态势不明朗时，有些人宁愿冒着失败的风险也要寻找出路；有些人则像鸵鸟一样把自己深深地埋藏起来，让自己不断地逃避，直到失去所有机会，这样的人，怎么可能获得成功呢？

举例来说，胆怯和懦弱就像人生的枷锁，让人根本无法自由地展开行动，也使人的信心渐渐消失，最终不得不听天由命、随遇而安。假如我们在人生途中总是任由胆怯摆布，总是被动地在胆怯之中等待命运的裁判，那么我们的人生一定会像即将熄灭的蜡烛一样不停地摇曳，即便微弱的气息也能将其熄灭。胆怯的人总是自我否定，还谈何信心呢？信心，恰恰是所有人得到成功的必备素质之一，也只有昂首挺胸的人，才能走出阳关大道。纵观古今中外，每一个有所成就的人都是战胜了胆怯的人，正好古人所说的，一屋不扫何以扫天下？我们也要说，一个人如果连自己都不相信，又怎么可能得到全世界？

在契诃夫笔下，切尔维亚科夫是个小小的庶务官。一直以来，他做人都胆小谨慎，从来不敢得罪任何人。有一次，他去剧院看戏，不小心打了一个喷嚏，把大量的唾沫星子都喷到了前面一个秃老头的头上和脖子上。看得出来老头很生气，马上就掏出手绢来使劲地擦拭油光锃亮的脑袋和脖子，嘴里还愤愤不平地咒骂着什么。正当老头一转头的工夫，他发现老头是布里扎洛夫将军，不由得心惊胆战。

“得罪了将军，这可怎么办呢！尽管布里扎洛夫将军在交通部门工作，并不直接管辖我，也不是我的顶头上司，但是这还是太糟糕了。”想到这里，切尔维亚科夫马上给将军道歉：“将军大人对不起，我真的不是故意的，实在是没控制住……”将军宽容地说：“没关系。”切尔维亚科夫却絮絮叨叨：“上帝保佑，您可一定要原谅我啊！您要相信，我真的不是故意的……”“好啦，别说啦，都耽误看歌剧啦！”将军显然有些不耐烦。切尔维亚科夫更加心烦意乱，他虽然瞪着眼睛盯着舞台，但是根本不知道接下来都表演了什么。他心中越来越忐忑，总觉得得罪了将军，因此在中场休息时再次找到将军道歉，将军厌烦地说：“小事一桩，我都已经忘记了！”

整场演出结束，切尔维亚科夫依然胆战心惊，回家之后，他把这件事情告诉妻子，妻子建议他：“得罪了将军可不是闹着玩的，我觉得你的道歉不够正式，你明天还是再专程去道歉吧！”他觉得妻子说得很有道理，因而次日清晨早早起床，再次来到将军的办公室。当时，有很多人都在将军的接待室里等待接见，他刚刚看到将军走进接待室，就马上慌里慌张地说：“实在对不起，我昨天在剧院不小心打了个喷嚏，真是抱歉，希望您能原谅我……”不等他把话说完，将军就突然怒吼道：“上帝啊，你真是废话连篇，能不能不要再来烦我了！”将军真的生气了，他失魂落魄地走出将军的接待室。直到将军接待完所有人，他再次冲进接待室对将军说：“将军，我真的很抱歉……”“滚！”将军怒目圆睁，恨不得马上把他赶出去。那一瞬间，他感到自己的心里有某件东西稀里哗啦地碎了，他艰难地回到家里，躺在沙发上再也没有醒来，他被活活吓死了。

在契诃夫笔下，小公务员切尔维亚科夫胆小怯懦的形象被刻画得惟妙惟肖。他并不是被将军吓死的，而是被自己吓死的。我们不得不相信，他在生活中一定是个面面俱到的老好人，不管是与家人还是同事，都应该相处良好。然而，他实在是太胆小了，原本只是一件无关轻重的小事，却因为他始终牢记于心，无法释然，以致演化成大事，导致他失去了生机。

现实生活中，有很多人都会低估自己，把自己看得卑微到尘埃里。殊不知，要想客观评价自己，打破内心的囚牢，我们首先要做的是正确评价和衡量自己。一个人既不应该妄自菲薄，也不应该妄自尊大，而应该公正客观对待自己，这样才能让自己充满自信，更完美地处理好人生中的各项事宜。

人们常说，自信心是一切成功的必备因素，我们也要说，唯有自信，才能让我们从平庸到伟大，从默默无闻到璀璨夺目，从平淡无奇到获得成功。唯有拥有自信的人，才能更加积极主动地对待人生，才能赶走人生中自卑的阴霾，使一切都变得更加阳光灿烂。尤其是生活在现代社会中的人，千万不要盲目信奉“是金子总会发光的”，“酒香不怕巷子深”，唯有端正态度认知自己，才能充分发挥自己的长处，让自己在人生之中有所收获。曾经有位名人说，每个人最大的敌人就是自己，这句话非常有道理。当我们战胜了自己，也就能够战胜全世界！

第 04 章

站在山顶，才能尽览美丽风光

不斤斤计较，幸福需要把眼光放远

生活中，世事难料，因为任何事情都有一个变化发展的过程。人生充满得失，此刻你不如意并不代表你一生不幸，此时你满面春风并不代表你一生顺利。虽然我们不能掌握变化无常的事态，但我们可以掌控自己的心态。“不以物喜，不以己悲”，这种淡定通达的心态，正是现代人要追求的。

《老子》五十八章曰：“祸兮福之所倚，福兮祸之所伏。孰知其极？其无正。正复为奇，善复为妖。人之迷，其日固久！”无论遇到什么事，都不要沉迷于单向度的追求，而是要了解相依转换的道理，然后调整心态，走上自立自足的生活。祸福本身就是相互转换的，因此，不管你现在得到了什么或失去了什么，都不要不要纠结于一时，要获得幸福，需要我们把眼光放远。心态是自己选择的，祸会转化为福，福也会转化为祸，何必不敞开心扉，坦荡地面对呢？

古时，尤其那些身为性情中人的文人骚客，情绪变化更是为人所不能掌控，王羲之的《兰亭集序》中就有此类心情的记载，“是日也，天朗气清，惠风和畅。仰观宇宙之大，俯察品类之盛，所以游目骋怀，足以极视听之娱，信可乐也。”初时的快乐心情，竟突然直转急下，变成“快然自足，不知老之将至”，这是真正的乐极生悲，不得不让人也为之概叹！事实上，这并不是我们应效仿的处事方式，然而，因“乐极”而“生悲”的事情，生活中每天都在发生着。乐极生悲一语在中国几乎妇孺皆知，然而，一般人对它的理解，往往是因快乐过度而忘乎所以、头脑发热、举止失矩，结果不慎发生意外，惹祸上身、化喜为悲。

我们需要明白的是，当我们需要抉择时，决不能因为害怕失去而不敢舍去；当你失去时，也要调整好心态，应随时随地、恰如其分地选择适合自己的位置，既不以福喜，也不以祸忧，才能在事情的起承转合上控制好！

“人遗弓，人得之”应该是对得失最豁达的看法了。就常情而言，人们都是有喜怒哀乐的，在得到一些利益或者遇到愉悦之事时，人们大都会喜不自胜，甚至得意洋洋；而遇到失意之事时，则会表现出懊恼、痛苦的情绪。而那些内心豁达的人则能看淡得失、功过荣辱，无论遇到什么，他们都能做到心平气和、冷静对待。

总之，生活中的人们，对于得失，要学会用超越时间和空间的眼光去观察问题，要考虑到事物有可能出现的极端变化。这样，无论面对福事变祸事还是祸事变福事，我们都会有足够的心理承受能力。

不以物喜不以己悲，永远不要得意忘形

水沸腾了，就会咕咚咕咚地冒泡，就如喷泉一般，甚至会把茶壶的盖子顶起来。人的情绪呢，一旦沸腾了，就会得意忘形、忘乎所以，甚至乐极生悲。我们必须学会控制自己的情绪，这样才不至于失去理智。纵观历史长河中的那些成功人士，他们大多数都是“谈笑间，樯橹灰飞烟灭”，始终保持理智和淡定从容。得意忘形，归根结底是个贬义词，从字面的角度来理解，就是说人因为高兴、得意而失去理智，忘记了自己应该表现出什么样子。如此一来，必然言行不当。倘若言行不当并没有造成什么恶劣的后果，倒也无可指

摘。最让人担心的是，如果说了不该说的话、做了不该做的事，那就罪莫大焉了。

在生活中，得意忘形会使人丑态百出，甚至招致反感。在工作中，得意忘形的人往往狂妄自大、自以为是。即使此前做出了一点儿小成绩，别人也会觉得他妄自尊大、见识浅薄。尤其是当他给上司留下这样的印象时，着实令人担忧。由此可见，我们应该提高情绪的沸点，永远不要让自己得意忘形。也许有人会说，提高情绪的沸点，活着岂不是丝毫没有乐趣了吗？其实不然。提高情绪的沸点，只是让我们在感受快乐的同时不要乐极癫狂、忘乎所以。古人云，凡事都要适可而止，都要适度。降低快乐的沸点，无非就是让我们适度快乐。其实，这一条非常符合凡事过犹不及的古训。在一首诗里，席慕容曾经有感而发："在长长的一生里，为什么，欢乐乍现就凋落，走得最急的都是最美的时光。"假如我们降低快乐的沸点，让自己没有那么容易达到情绪兴奋的巅峰，那么，我们就不会轻易得意忘形，与此同时，我们也会更容易得到快乐。在人的一生之中，快乐应该如涓涓细流，细水长流，而不能如黄河决堤一泻千里，否则，随即而来的定然是干涸的结局。

张伯伯在五十岁那一年，检查出患了食道癌。这可是绝症啊，家里人都痛不欲生，生怕张伯伯离开他们。为此，子女们全都翻箱倒柜地拿出了所有的积蓄，聚在一起凑了一大笔钱，把张伯伯送进了医院。幸好，张伯伯是癌症中期，还能做手术。手术进行得很顺利，手术之后，为了保险起见，子女们还决定给他做化疗，这样就能把癌细胞彻底杀死了。在医院住了两个月，张伯伯活蹦乱跳地回家了，气色很好，身体倍儿棒。

张伯伯是山东人，喜欢吃大煎饼。刚刚病愈回家的时候，在鬼门关转了一圈的张大爷还很小心，遵循医生的嘱咐从不吃辛辣刺激的，也不吃硬硬的煎饼，而是吃一些质地比较软的食物。然而，几个月过去了，张伯伯觉得自己的身体越来越好，便松懈起来。他逢人就说："我好了，完全好了，比小伙子还结实呢！"没多久，他就开始啃坚硬的大煎饼。尽管家人多次劝说，让他吃软和的食物，他却不以为然。而且，他觉得身体状况全都良好，还偷偷地不再吃药。一年过去了，张伯伯又开始觉得嗓子疼，进食困难。去医院一检查，食道癌复发了，且全身扩散。至此，张伯伯才意识到自己被捡来一条命的好运捉弄了，他不应该忘乎所以。不久之后，张伯伯就撒手人寰了。

在这个事例中，张伯伯纯粹是得意忘形，乐极生悲。在这个世界上，没有真正不怕死的人。很多时候，人们之所以不怕死，是因为心里有着坚定不移的信念，相信自己付出生命的代价也是值得的。然而，张伯伯不但花光了家里所有的积蓄，还因为偷偷停药、不顾劝阻地吃质地坚硬的食物，最终导致食道癌复发，丢了性命。这样的死，不是值得的。

人生之中，我们总会遇到或悲或喜的事情。遇到悲伤的事情能够理智对待，遇到喜悦的事情能够适可而止，这才是智者所为。不管是悲伤还是欢喜，一旦超过了人体能够承受的界限，就会给我们的生活带来很大的困扰，甚至是不可估量的损失。

凡事有退路，别把自己逼到绝路

秦朝末年，项羽准备率领大军和秦军决一死战。他首先率领大军渡过漳水，之后命令士兵把一切船只都凿穿底部，使其沉入河底，又让士兵砸碎做饭用的锅。随后，他给每位士兵发了只够维持三天生命的干粮，带着士兵们对秦军发起进攻。如此一来，每个士兵都抱着不成功就成仁的必死信念，把生死置之度外，与秦军决一死战。果然，在与秦军进行九次激烈的博弈之后，项羽率领的大军终于战胜秦军。

在这个历史事件中，衍生了一个众人熟知的成语——破釜沉舟。如今，破釜沉舟被用来表示做某件事情的必胜决心，不给自己留有任何退路。的确如此，项羽当时之所以破釜沉舟，就是因为他抱定了必胜的信念，如果不能取胜，他就一定要舍身成仁。这是历史的选择，也是唯一的选择。现代社会，虽然我们提倡大家在做事情的时候也要抱定破釜沉舟的必胜信念，但是并不赞成大家像项羽一样舍身成仁。我们每个人都很幸运，生在和平年代，生活非常幸福。所谓的破釜沉舟，只是追求成功的决心，而丝毫不会危及我们的生命。在现代社会，做事情的时候，既要想到好的一面，也要考虑不好的结果，给自己留有退路。简而言之，任何时候，都不要把自己逼到绝路。

俗话说，狡兔三窟。我们在做事情时，也应该充分考虑可能出现的情况，做好最坏情况的预案。无论如何，我们都不能付出宝贵的生命以终止失败，因此，我们要作好准备，即便情况朝着坏的方向发展，也不至于手足无措。前文说过，条条大路通罗马。我们应该付出最大的努力求得成功，也应该有勇有谋地想出其他的办法迂回曲折地前进，达成自己的目的。

很久以前，在大森林里，老虎虽然块头很大，却非常愚笨，总是忍饥挨饿，无法找到食物。猫呢，虽然身材小巧，却聪明机灵，每天都吃得都肚饱溜圆。为了像猫一样吃香喝辣，老虎决定拜猫为师，学习猫的十八般武艺。看到老虎诚心学艺，猫也诲之不倦。它尽心尽力地把十七般武艺都教给了老虎，不过，最后一般武艺必须老虎减肥之后才能学习。

没过几天，猫突然生病了。它这一病，病了很久。猫告诉老虎："我的十八般武艺，你已经学了十七般。我现在久病不好，不能再教你了。你自己多多练习吧，即使只练习好十七般武艺，你也能超过我。"得知师傅生病，老虎迫不及待地去森林里耀武扬威。很快，小动物们怨声载道，有的小动物就去找猫告状。听说徒弟的恶行之后，猫把老虎召唤来，拿出老师的样子训斥道："我教会你武艺，不是让你祸害森林的。你最好老老实实的，不要让我再听到你有不守规矩的地方。"看到猫病恹恹的样子，老虎不屑一顾地说：

“你这只病猫，我有着十七般武艺，身强体壮，难道还怕你吗？”说着，老虎就冲着猫扑过去。眼见着徒弟翻脸不认师傅，猫身手矫捷，一下子就爬到了附近的树上。看着老虎在树下急得团团转，却无法上树，猫暗自庆幸：幸好我没有把这爬树的本领教给老虎啊！

猫因为生病没有及时教会老虎爬树的本领，虽然是无心之举，却救了猫一命。尽管这只是个寓言故事，却告诉我们，不管做什么事情，都要给自己留有余地。余地，是回旋的空间。只有有余地，我们才能在事情看似无可回旋的时候，找机会反败为胜，为自己争取柳暗花明。相反，假如把自己逼到绝路，就一定会因为无可回旋懊悔不已。

在现实生活中，不管做什么事情，我们都应该深思熟虑。很多时候，事情并非向着我们所想的方法发展。一旦发生意外，我们提前谋划好的退路就能起到很大的作用。年轻人们往往缺乏经验，在思考问题的时候更应该兼顾全面，以免疏漏。

狡兔三窟，做人做事也应该为自己留好退路，这样才有机会回旋和扭转局面。我们不是项羽，也不在项羽生活的年代。现代社会，凡事都不需要拼命，因为最宝贵的就是生命。因此，千万不要把自己逼上绝路。办法是人想出来的，只要活着，总会有办法解决问题。我们应该向病猫学习，即使被得意的大弟子老虎背叛，也可以凭借最后的绝招活得惬意。

如果你因为错过太阳而哭泣，你也将会错过群星

生活中，一个人不可能抓住所有的机会，更不可能把所有的好事都尽收囊中。因而，常常有人因为生活中错过的事情感到后悔，甚至为此影响到自己的正常生活，可谓得不偿失。记得曾经有位名人说过，假如你因为错过了太阳而哭泣，那么你终将错过群星。由此可见，后悔不但于事无补，还会导致我们错失更多。既然如此，我们还有必要后悔吗？还能继续后悔吗？答案当然是否定的。假如你不想因为错过什么而给自己带来更大的损失，那么在错过之后就不要一味地沉浸在后悔的情绪中无法自拔，否则你一定会失去更多，也会让自己陷入更深的后悔之中。

人生说漫长也漫长，说短暂也非常短暂。每个人都希

望自己的人生了无遗憾，也希望自己的人生完美无瑕，殊不知，绝对的完美在这个世界上根本不存在，完全没有遗憾的人生也是根本不可能实现的。所谓的美好，只是人们对于生活的无限憧憬和渴望，也是人们面对生活中很多瑕疵的自我安慰和自欺欺人。当然，这里所说的自欺欺人并非贬义词，而是代表着人们宽容的生活态度；也并非说我们绝对不能后悔，假如每个人做错了事情都连想也不想，如何还能做到积极地自我反思呢？没有反思，也就无所谓进步。所以说，我们还是要进行积极的悔过，从而从失败中汲取经验和教训，也帮助我们在未来的人生路上走得更稳当。与积极的后悔恰恰相反，假如我们一味地沉浸在后悔之中无法自拔，那么当下的生活也会受到负面的影响，导致我们无法把握当下，乃至失去未来。生活中，因为沉浸在过往中懊悔不已，最终导致错失当下，也使人失去未来的事情，并不少见。

大学期间，月亮和男友赵凯谈了四年恋爱，然而，大学毕业后，赵凯继续读研，月亮则参加了工作，后来赵凯为了导师的侄女而放弃了与月亮的感情。当时，月亮痛苦得死去活来，不知道自己万分珍惜和重视的感情怎么就一下子烟消云散了。在很长的一段时间里，她都萎靡不振，对于爱情也彻底失去了信心，对于任何人给她介绍男朋友的事情都丝毫提不起兴致来。

直到一年多之后，月亮偶然认识了现在的老公马玉。马玉是个温文尔雅的男孩子，当时戴着黑框眼镜，就坐在月亮身边看电影。当看到可怕的镜头时，月亮不由自主地尖叫，突然，有一只温热的大手攥住了她的手，这让月亮瞬间怦然心动。转眼之间，十年过去了，月亮和马玉已然成为了老夫老妻，他们婚姻幸福，家庭和美，还有一个健康可爱的儿子。对于这样的人生，月亮感到无比满足，也觉得很幸福。在和马玉结婚十年之际，月亮在QQ空间里写下："谢谢曾经的你没有下定决心娶了我，才让我拥有了如今幸福美满的人生。"从这句话来看，月亮对于自己此刻的人生显然非常满意，这一切也都得益于她没有因为错过的一切沉浸在后悔之中，所以才能把握住手边的幸福，更没有错过人生的美好和缘分。

也许月亮曾经因为男朋友的决然离去而痛不欲生，但是她最终还是回到人生的正轨，更没有因为人生曾经的苦恼而一生都陷入悲情之中。所以月亮应该感谢的不是那个当年没有下定决心娶她的人，而是需要感谢自己的坚强和决绝，以及开始新生活的勇气和信心。

假如你因为错过太阳而哭泣，那么你最终也会错过群星。人生是短暂的，所谓覆水难收，面对无法改变的事实，除了接受以外，我们还能做些什么呢？唯有拥有重新开始的勇气，我们才能坦然忘却遗憾和悔恨，从而张开怀抱迎接新生活的到来。人生，需要的是豁达的勇气，拥有勇气，一切才能重头开始！

不怕路远，就怕志短

很多人都拥有远大的志向，都曾说过“长大要当科学家”“我要成为外交官”之类的豪言壮语，但随着岁月的流逝，又有多少人为了实现自己的梦想而努力过呢？有些人的志向远大，却心有余而力不足，他们梦想走出禁锢自己的小圈圈，却没有勇气迈出第一步。另一些人有能力走出围城，却从不眺望远方，他们满足于现状，只愿蜗居在一方小小的天地。这些人的梦想一直只是梦想，他们只是在不停地编织美梦，原地踏步，故步自封。

那些真正功成名就的人，他们总是在出发前就选好自己的方向，并作好充足的准备，在探索的道路上以稳健的步伐一步步前进。他们不屑于原地踏步，也不存心等待机会的来临，他们知道，哪怕只是前进了一小步，都会与自己的梦想更近一些，而只知伸长脖子窥视远方，则只会一事无成。即使前进的这一小步走错了，对他们来说也是一种助益，这会帮助他们修正自己的方向，不再走偏。

人们总是能深刻地认识到“不怕路远，就怕志短”的意思，人生之路漫漫，成功离我们很远，它是由一次又一次的失败累积而成的，如果你不愿做一个失败者，那么你就要坚定自己的信念，一步一步向成功走去。以下三点，可以作为人生的箴言，与君共勉。

1.成功绝不偶然

成功从来就不是简单的事，一个人所获得的成就必然是经过艰辛的努力与追求得来的，绝不是唾手可得的。在这之间，人们付出了无数心血，品尝了无数苦涩才能得到成果，这是不懈的努力所获得的回报，是人生的荣耀，绝不是那些只知原地踏步、坐井观天的人能够获得的。

2.成功靠努力

“三分靠天分，七分靠努力”是成功的不二法则，除了少许的天分外，其他都需要后天的努力才行，一个拥有天分却不肯付出努力的人比那些天资平庸的人更糟糕。人们要好好把握一分一秒，不断地付出努力，如此才能缩短自己与成功之间的距离。

3.扩大眼界

我们在处世时，不要只局限于小天地，要开阔自己的心胸，打开自己的眼界，通过不断的磨砺增加自己的胆识，大事多作努力，不拘小节，为完成自己的志向而不断努力。

俗话说，“人往高处走，水往低处流”，这是自然的法则，也是人生的哲理。世上之事并不易，但你若能坚定自己的信念，维护自己的志向，肯努力，肯攀登，就一定能完善自己，最终走向成功的巅峰。

时代不断前移，生活不断推陈出新，已经由不得我们裹足不前了。渴望成功的人们，放开你们的眼界，放下你们的束缚，朝着自己梦想的方向勇往直前，坚定自己的信念，排除任何的阻碍，踏踏实实地努力，成功必然属于你们。

第 05 章

水滴石穿，时间会告诉你坚持的意义

只要有恒心，没什么事你做不到

古人云：“锲而舍之，朽木不折；锲而不舍，金石可镂。”一个人只要有恒心，迈着坚定的步伐，义无反顾地向前走，最终会沐浴到胜利的光辉。如果你去过乡下，有幸可以看到有屋檐的老房子，你会明白其中的很多道理。在乡下，屋檐之下是石头砌成的平台，而屋檐上是瓦片铺盖而成的屋顶。每当下雨的时候，天上的雨水降落下来，滴在屋檐上，那水珠就顺着瓦檐流下来，好像珠子串成的帘子一样，而水珠滴落的地方，经过这样长年累月的打磨，那坚硬的石头竟然出现一些小坑洼。这是多么神奇的力量，柔弱的水珠，竟然可以将石头滴穿？其实，不要为此感到惊讶，因为这就是“滴水穿石”的真实现象。大自然的这些神奇力量一样可以引申到我们生活中——在生活中，对于那些可以忽略不计的力量，如果将它们一点点凝聚起来，该是多么大的力量。不论是做人还是做事，我们都需要坚信水滴石穿的真理，坚守时间的打磨，终有一天，我们能够顺利地采摘成功的果实。

生活中，做任何事情都需要一个过程，一点点累积，就足以凝聚成一股巨大的力量。如果你放松了平日的努力，只靠临时抱佛脚，那将注定会失败。有时候，在平日中不断努力却没有得到回报的人们，心里总是抱怨：为什么上天不公平呢？其实，上帝给予我们的都是公平的，如果你还没有得到回报，那只是因为还没到时机，因为时间就是最好的见证者，它见证了你一点点的努力，最后，它也将见证你最终的成功。

别计较一时的得失，专注于脚下的路

现实生活中，每个人都渴望成就人生的辉煌，都渴望获得成功。但是，成功对于任何人而言，都是一个非常遥远的目标。通往成功的道路，并非一帆风顺，而是漫长崎岖的。在奔向成功的终极目标时，我们不但会遭遇风雨泥泞，还会遭遇很多的坎坷挫折。尤其是现代社会，物质丰富，人们受到很多诱惑，因而导致内心动荡不安，难以抗拒。人生数载，有人说人生是漫长的，有人说人生是短暂的，有人争分夺秒地生活，创造成就，有人一曝十寒，不懂得珍惜光阴，最终毫无成就。不得不说，对于任何人而言，唯有持之以恒，才能获得最终的成功，才能成就人生的辉煌。

人生路上，每个人都会遭遇失败。有些人之所以成功，是因为他们拥有坚韧不拔的毅力。有些人之所以失败，是因为他们总是半途而废，在挫折面前败下阵来。所以，当我们因为自己的默默无闻而懊丧时，不要抱怨，所谓种瓜得瓜，种豆得豆，唯有持之以恒地付出，人生才能有所收获。毫无疑问，举世闻名的科学家霍金是个成功者，他的著作《时间简史：从大爆炸到黑洞》获得了世人的无数赞许，人们无法想象，这位被禁锢在轮椅上的物理学家，是怎样创造出如此举世闻名的伟大成就的。他是如何做到的呢？他非常勇敢、自信，而且坚韧不拔，在充满灾难的命运面前从未投降。他对于未来充满信心，他对于人生有着伟大的理想和志向，他无论遭受多么大的磨难，都从未动摇在科学道路上前行的信念。所以，他才能成为世人皆知的伟大科学家，才能攀登科学的巅峰。

哪怕做一件很小的事情，我们也要有持之以恒的精神。古人云，水滴石穿，绳锯木断。对于坚硬的石头，水滴不停地滴滴答答，都能把石头滴穿，可想而知，作为人，我们有着无穷的潜力，如果我们始终坚韧不拔、坚持不懈，我们又如何不能成就美好的未来呢！

孙大伟是台湾著名的广告教父，在从事广告业务之前，他曾经换了很多份工作。直到32岁，他才找到人生的方向，找到志业。他说："我刚刚开始工作的时候，如果不喜欢，就会马上跳槽，或者看到有更喜欢的，也会放弃现在正在做的工作。因此，在很长的时间里，我从未从事一份工作超过两年。我干过很多工作，也自己当老板开过花店、贸易公司等，还当过副导演拍戏。总而言之，很多人都不理解我，我在他们眼里是不折不扣的异类。"

然而，在32岁那年，孙大伟正式进入广告业，原本人们眼中他不务正业的经历，此时成为他的资本和资源。很多广告人十分看中他这一点，为此，他得到上司的重用，因为他行行都熟悉，不管做什么事情都门儿清，简直是如鱼得水。他在广告业做了十几年，被人们誉为台湾的"广告教父"。

从孙大伟的经历中，我们不难看出，他的前半生是三分钟热度，不管做什么事情都不能长久坚持，总是半途而废。从32岁以后，他进入人生的稳定期，开始全心全意地在广告业打拼，发展自己的事业。在广告业，他一待就是十几年，所以，他才能拥有后来的成就。

人要想持之以恒地获得成功，最重要的就是想到就马上去做、绝不拖延。举世闻名的摩西奶奶，在76岁的时候开始从事绘画，因为恒心和毅力，她以常人难以想象的高龄，成功在世界各地举办画展，不但收获了人生迟到的快乐，也成就了人生的奇迹。从一个村妇到世人皆知的画家，摩西奶奶用她的人生告诉我们，不管何时开始，只要坚持，就能获得成功。

朋友们，不要幻想一蹴而就的成功，任何情况下，我们唯有坚持不懈，才能最大限度发挥自身的能力，才能在自己人生的白纸上涂抹色彩，让我们的人生变得充实而又绚烂。

坚持一下，你离成功只有一步之遥

众所周知，通往成功的路是漫长的。在熙熙攘攘的人群中，只有很少的人能够爬到人生巅峰，成为众人羡慕的成功者。大多数人都会默默无闻地度过一生，或者在未曾开始之前就退缩，或者曾经努力过，最终却因为失去坚持的勇气和毅力而选择了放弃。其实，很多时候，你离成功只有一步之遥。我们必须知道，成功不是一蹴而就的。正如黎明前要经历漫长的黑暗一样，我们在成功之前，也必然要经历很多的坎坷挫折。在这种情况下，与其因为成功迟迟未到而抱怨，甚至是放弃，不如继续努力，坚持下去，赢得人生的收获与成功。

成功不是天上掉馅饼，我们大多数时候只看到成功者的耀眼光环，却没有看到成功者背后的辛勤付出。可以说，大多数成功者都比普通人吃了更多的苦，感受到更多的艰难和困惑。他们最终之所以能够超越困境，获得成功，就是因为他们持之以恒地努力。正如一位名人所说的，一个人之所以成功，只是因为他尝试的次数比失败更多一次。就像爱迪生发明电灯一样，如果他不是在尝试一千多种材料、进行七千多次实验后依然坚持不懈地尝试，他又如何能够发明发明电灯，为全世界的人们带来光明呢？

纵观古今中外，大多数人之所以能够获得成功，就在于坚持。要知道，只有极少数运气很好的人才能一次努力就获得成功，在人群中，这样的人简直是凤毛麟角。大多数人的成功之路都很漫长，而且非常坎坷。即便遭遇无数次失败，有成功潜质的强者，也会再一次努力，决不放弃。因此朋友们，我们与其抱怨命运多舛，不如感谢命运给予我们磨难，让我们有更多的机会拥抱人生、创造未来。

有一对农村出来的兄弟一起结伴去大城市打工，他们原本以为大城市里遍地都是黄金，因而有着无限憧憬。然而，等到真正来到大城市之后，他们才发现事实并非他们想象的那样。虽然大城市里经济发达，工作机会多，但是，像他们这样既没有学历也没有工作经验的农村孩子，要想找到合适的工作，也并非易事。

找来找去，他们挑三拣四，身上带的盘缠也渐渐要花完了。无奈之下，哥哥只好与弟弟合计，一起去了一家公司从事推销工作。推销工作是很辛苦的，而且非常劳累。初来乍到的兄弟俩也没有亲戚朋友，可想而知，他们面临着多么艰难的情况身旁和巨大的压力。一连两个月，哥哥和弟弟在外面整日奔波，挨家挨户地敲门推销，遭遇别人的白眼。但是，他们根本没有任何成果，除了被拒绝，还是被拒绝。

渐渐地，弟弟失去了耐心，也不愿意继续这样住在地下室里啃馒头、吃咸菜。为此，弟弟劝哥哥一起辞职，弟弟想去饭店当服务员，至少管吃管住，还吃得很好。然而，哥哥劝弟弟说："什么事情，在刚开始的时候都很艰难。信我的，咱们再坚持一个月，如果还是没有任何成效，再辞职也不晚。说不定，我们明天就会签单了呢！"无奈，弟弟不听哥哥的话，当即就打电话向领导辞职了。次日，哥哥又是一整天的奔波，而且真的拿回来自己生平的第一张小小订单。而弟弟呢，找了一天工作，根本没有结果。后来的一个月里，弟弟一直在找工作中，哥哥却因为前两个月的积累，接二连三地签单，而且签订了一张几十万的大订单，仅仅提成，就一下子赚到了几万元。看着哥哥一下子赚到了其他打工者一年的钱，弟弟虽然眼馋，但是依然坚定不移地要去餐馆当服务员。就这样，在接下来的好几年时间里，弟弟接连换工作，不但没有赚到钱，更没有真正稳定下来。哥哥呢，因为销售行业提成高，他也越来越熟练，因而居然在几年时间里买房买车，如今已经成为公司的销售总监了。

事例中的哥哥和弟弟，实际上起点是完全相同的。哥哥除了比弟弟年长几岁之外，不管是家庭环境、成长经历还是来到大城市的时间，都和弟弟相差无几。然而，岁月是把杀猪刀，也是把锻造刀。在经过几年的努力之后，哥哥与弟弟的人生有了明确的分水岭，他们的命运更是天壤之别。假如弟弟当初能够和哥哥一样，再多坚持一次努力，再多坚持一个月，即使弟弟现在未必有哥哥这么成功，至少也会比如今的境况更好。西方国家有个人开采金矿，在经过一段时间的努力之后选择了放弃，但是，等到买他金矿的人继续开采时，只多采了半米距离，就发掘出了金矿。原来，他距离金矿只有半米的距离，距离成功也只有一步之遥。

朋友们，每个人都渴望得到成功，包括你我在内。然而，成功并非从天而降，我们除了要付出努力之外，更要持续努力，坚持不懈，才能获得最终的成功。

越努力，越幸运

记得有本书中曾经写道，在这个世界上，只有对生活感到绝望的人，而生活本身并不会使人感到绝望。这句话其实想告诉我们，一个人只有对生活加倍努力，才能赢得生活的契机。而且，我们对待生活的态度，将最终决定我们是否能够得到命运的善待，是否能够在一生之中结交好运。很多朋友会说，努力了未必有回报，还为何要努力呢？的确，我们无法否认这个事实但是，不努力，则绝不可能有回报。既然如此，我们为何不坚持努力，给自己更多的机会获得回报呢？

生活本身，并无对错之分，很多时候，之所以命运对待每个人是不同的，是因为我们对待生活的态度也是不同的。正如一位名人所说的，这个世界上并不缺少美，而是缺少发现美的眼睛。当我们对生活心怀感激，当我们对世界满怀感恩，我们自然会有发现美的眼睛，也会在生活中找到更多的美好。

人必须努力，因为努力是改变命运的唯一出路。我们唯有确定努力的方向，为自己制订努力的目标，才能为之不懈奋斗。人生不如意十之八九，每个人都不可能在一生之中一帆风顺，相反，每个人在人生道路上多多少少都会遇到一些困难。强者知难而上，弱者畏难而退。我们唯有对抗人生，挑战困难，绝不放弃，才有可能超越人生的艰难困境，才能柳暗花明又一村。

其实，在人生的路上，根本没有所谓的绝境。很多人误以为自己已经无路可去，也无路可退。其实，只要坚持努力，他们会发现，再回首，这些人生路上的坎坷挫折都是他们最丰富的经验和最有资本的阅历。因而，无论怎样都不要放弃努力。要记住，当上帝为你关闭一扇门，总会为你打开一扇窗。只要我们心怀善念，心怀希望，决不放弃，我们的人生就会与众不同。

当然，人生之所以充满魅力，还因为它是未知的。活在当下的每一分每一秒，我们谁也不知道接下来会发生什么，更不知道在未来的人生路上等待着我们的是什么。因此，我们不能为未知的将来而担忧，也不要因为已经成为过去的昨日而懊恼。在整个人生中，我们唯一能把握的就是今天，就是现在，就是此时此刻。既然这样，我们有什么理由不努力呢？

朋友们，生活从来不会亏待那些勤奋努力的人。也许我们的付出暂时没有回报，但是，只要我们坚持不懈地付出，最终一定会得到姗姗来迟的人生奖励。很多时候，我们的奋斗之所以没有回应，并非因为命运不公，而只是因为命运还想考验我们，然后再给予我们慷慨的馈赠。

第 06 章

静下来，独立思考喧闹之外的世界

给自己一个独立的空间去思考

人是群居动物，因此，独处的时候，我们常常会感到寂寞。寂寞的时候，你是品品茶、喝喝酒，还是唱唱歌、翻翻书？你是安静地坐一坐，还是悠闲地散散步地还是赶快到人群中去寻找情感的共鸣、心灵的慰藉？实际上，耐得住寂寞的人或者善于排遣寂寞的人一定懂得生活；忍受得住孤独的人或者会享受孤独的人，即使成不了伟大的人物，也必然会有一颗伟大的心灵。因为乐享寂寞的人的心态必定是淡定的，他们常会选择以独处的方式来思索人生、思索问题，进而提升自我。

南宋僧人曾做一偈："身是菩提树，心如明镜台。时时勤拂拭，勿使惹尘埃。"实际上，任何一个人，行走于世的时间长了，他的身心难免都会沾染上尘世中的尘埃，如果不停下来好好清理自己的心灵，那么，他的心很容易堆满灰尘。我们身边有很多活得洒脱、快乐的人，他们的共同特质在于，无论外界多么嘈杂，他们总会在自己的心底留一片净土。

那些真正心静的人，崇尚简单的生活，极少的抛头露面，换来的是对人生、对社会的宽容和心灵的清净；他们像秋叶一样静美，淡淡地来，淡淡地去，给人以宁静，给人以淡淡的欲望，活得简单而有韵味。

我们再来看下面一个白领女性的微博：

夏日的晚上总算还是清凉的，看着熟睡的孩子和老公，我端起一杯冰柠檬茶，打开电脑，忙了一天，终于可以找找自己的娱乐。

我习惯先看自己的微博，今天，不知道朋友、同事发生了什么样的事，看完微博后就一目了然了，看来，微博已经成了现代人互动和联系的一个重要平台，我们也已经习惯了在这里互相问候、谈论自己的家庭琐事。

有时候，觉得自己很累，尤其是白天繁重的工作压力和孩子的吵闹声，想到这些，我就觉得结婚对于我来说就是个错误的决定，但只要看到熟睡的家人，我的心又多了一份安宁。

其实我是爱好文字的，夜深人静的时候，我总喜欢写一些无关痛痒的东西，只要一下笔，心中所有的郁闷情结都不见了，老公也曾说我的文笔不错，问我要不要写本书。其实，我觉得，文字只是记录心情而已。

对于生活，我总是抱着知足的心态。太多的幻想都不太切合实际，过好当下的生活最要紧。所以，无论是微薄的薪水，还是全家五口人挤在八十平的房子里，我都觉得无所谓，我更不会去羡慕他人的大房子、社会地位等。朋友都说，我这人看得透彻，其实，我想说的是，如果我们都能在夜深人静的时候？好好想想自己要的到底是什么，也许我们都能得到答案，也就没有了那些浮躁之气。

诸葛亮说："非淡泊无以明志，非宁静无以致远"。一个人，只有沉静下来，才会思考自己、思索人生。相反，假如我们让心随波逐流的话，那么必定流于俗套。为了眼前的浮华而拼命去追逐、去求索，这样的人生非但不能淡泊，而且不能宁静。处于喧嚣的尘世中久了，你会习惯众人聚集的生活，这个时候，你已经再也忍受不了孤独，更谈不上享受孤独了。

尘世中的我们，也应该有这样一份安然、宁静的心，然而，人世间有太多会扰乱我们心绪的因素，对此，我们需要养成在安静中思考、在独处中倾听内心声音的良好习惯。你一个人待着时，你是感到百无聊赖、难以忍受呢，还是感到一种宁静、充实和满足？对于有"自我"的人来说，独处是让内心清静下来的绝好的方法，是一种美好的体验，固然寂寞，却有利于我们灵魂的生长。

总之，我们每个人都要做一个耐得住寂寞的人，只有这样，才能够挖掘出另一个自己。你也许会发现自己的某些惊人的力量，也可能会发现自己的缺点或者做得不够好的地方，然后加以改正，使自己不断进步，并能够扬长避短，发挥自己的最大潜能，从而不断获得成功。

安抚浮躁的心，让自己静心

这个时代处处充斥着浮躁，不但社会风气浮躁，每个人也变得越来越浮躁。我们已经没有时间看看清晨的朝霞，也没有心情欣赏落日的余晖，我们整日忙忙碌碌，在这个熙熙攘攘的世界上奔波忙碌，唯独忘记了问一问自己的心——我想要怎样的生活。迷失了本心的我们，带着一个浮躁的躯体，跟着世界的波浪起起伏伏，似乎已经变成了一叶扁舟，在漫无边际的大海上航行，却根本没有明确的航向。

随着生活节奏的加快、工作压力的增大，越来越多的人不知所踪，各种心理和生理问题也频繁发生。可以说，浮躁是一切心理疾病的根源，正是它使我们越来越远离幸福的生活。浮躁的人还会失去主见，变得人云亦云，彻底失去自己的原则和观念。浮躁还使人们得意忘形，有一点点成就就变得自满，甚至忘记了自己姓甚名谁。由于浮躁衍生的焦虑，也深深影响着我们的生活，使我们在生活的各种失意中无处遁行。这就是浮躁的时代弊病，已经绝不仅仅是个例，而是普遍存在的现象。

作为职场新人，尤其是房产销售行业的新人，玛丽最近承受着巨大的工作压力，简直觉得快要崩溃了。这段时间，玛丽正在跟进一个很大的客户，这个客户，她从进入公司之初就开始跟进，但是一直以来都没有大的进展。眼看着玛丽还有半个月就要过试用期了，她不由得急躁起来，有一天，在与客户沟通无果的情况下，居然气急败坏地说："我看你还是别买了，等到你考虑好了，房子早就没有了。"客户听到玛丽这句没好气的话，原本有些蠢蠢欲动的心瞬间也火冒三丈，他生气地说："你这个小丫头，我原本已经决定不管早买晚买都在你这里买了，没想到你之前的服务都是伪装出来的。你这样的人让人不敢恭维，我还是找个心口一致的人买房吧，你如此急功近利，我还担心我真的把钱交给你之后你就不认识我了呢！”就这样，原本已经煮熟的鸭子飞了，玛丽懊悔不已。

销售工作首先是把自己推销给客户，然后客户才能放心地把钱交给我们，购买他们所需要的东西。尤其房产是不动产，涉及金额巨大，客户会更加谨慎小心，也会从侧面综合考察推销员的情况。只有发自内心地信任销售员，他们才会放心地交出自己的积蓄。而玛丽的急功近利，让客户意识到她的一切耐心服务其实都是为了利益，如此一来，客户怎么还能继续信任她呢！

不管从事什么工作，也不管面对什么人什么事情，我们都要戒除浮躁的心态。当我们心中云淡风轻，整个世界也会瞬间安静下来，不再飞沙走石、蔓草荒野。由此可见，浮躁作为一种情绪，也像是人生的一个噩梦，常常会让我们在失控之下说出失去理智的话或者做出失去理智的事情。当浮躁让我们变得心浮气躁，不如沏一杯茶、品一品月，更加淡定一些！

倾听内心深处被压抑的声音

如果你生活在大都市，你的清晨一定是忙碌的。除了休息日之外，几乎每天，人们都早早起床，然后匆忙洗漱，经过路边摊的时候随便买点儿东西果腹，然后就行色匆匆地朝着公交车站、地铁站奔去。尤其是当到达公司所在的写字楼下，却发现还有几分钟就要过了打卡时间时，如果电梯门口等待了长长的队伍，你就恨不得长出一双翅膀，飞到遥远的二十七楼。直到打完卡坐在办公桌前，你才能为匆忙的早晨划上一个休止符，为自己冲泡一杯咖啡或者清茶，享受片刻的宁静。接下来，就是一天时间里堆积如山的工作。好不容易熬到下班，又是拥挤如潮的人流。等到你终于能够放松下来躺在床上时，已经是午夜时分了。这样的一天又一天，简直熬干了人们所有的心血，榨干了人们一切的精力。这就是现代生活中一个工作日的缩影，而且大多数职场人士都在过着这样争分夺秒的生活。你可曾发现，自从你在大城市落足，你已经很久没有坐下来吃过早饭了，也已经很久没有享受丰盛的晚餐了。时间，都去哪儿了？

现在社会，全体成员都进入快节奏的生活和工作之中，甚至忙得没有时间望一望头顶的蓝天，也没有时间看一看路边随处可见的小小野花。时间，都去哪儿了？在不知不觉长出的皱纹里，在悄然爬上双鬓的白发里，半生已经匆匆溜走。这样的急躁真的是我们想要的吗？这样着急的生活真的是幸福的源泉吗？不管怎么忙，我们都应该静下心来，拒绝烦躁，倾听花开的声音，倾听阳光噼里啪啦绽放的声音，倾听我们内心深处被压抑的声音。

很久以前，有个少年做梦都想练就一身好本领。为此，他历经艰难险阻，来到遥远的深山里，寻访一位功夫高强的武林高手。这位高手是个隐士，从来不愿意见到外面的人。不过少年非常有毅力，他一天又一天地守候在隐士的门外，想打动隐士。果然，十几天之后，隐士出门，少年终于得见隐士一面。得知少年的来意后，隐士笑而不语。少年问："请问师父，如果我不遗余力地勤学苦练，大概多长时间才能练就一身好本领？"隐士淡淡地说："十年。"

少年又问："十年？那么，如果我夜以继日，不眠不休，大概多长时间才能学成呢？"

隐士惊讶地看着少年，说："不眠不休？至少要三十年。"少年惊讶极了："为什么我加倍努力，却需要更多的时间了呢？"隐士却不再说话。眼看着隐士渐渐走远，少年赶紧追问："如果我不计后果，奋不顾身地练习呢？"隐士头也不回，声音从远方传来："用尽一生也未必能够成功。”看着隐士远去的背影，少年苦苦思索，最终找到了答案：原来，很多事情都是欲速则不达的。只有保持淡然的心境，戒骄戒躁，踏踏实实地勤学苦练，才能达成目标。

民间有句俗话，叫心急吃不了热豆腐。虽然这句话听起来平淡无奇，却蕴含着深刻的道理。很多事情，越是急躁，反而越容易事与愿违。因为世界上的万事万物都有其自身的规律，违背规律是不可能得到圆满的结果的。早在小学时期，我们就学过揠苗助长的故事。在故事中，为了帮助幼嫩的禾苗长得快一些，农夫把每根禾苗都拔起来一大截，不想，禾苗很快就都枯死了。提起幼苗，不由得让我们想起现在的孩子。和几十年前七八十年代出生的孩子的童年相比，现代社会的孩子们简直被摧残得不再像是祖国的花朵。他们除了要承担正常的学习之外，几乎每个周末都在奔波补习中度过，丝毫没有自由的玩耍时间。也许，童年对于他们而言，就是在不同的补习班之间来回穿梭。不得不说，这既是孩子的悲哀，也是时代的悲哀。

很多人为了尽快实现自己的远大目标，心生急躁，恨不得无须等待就能完成所有的生命历程。每一个生命来到这个世界上，都是向死而生的，每个人从出生开始，就行走在通往黄泉的路上。这样想来，一路狂奔地奔向目标又有什么意义呢？我们唯有保持淡然的心境，坦然享受生命旅途中的风景，才不枉活这一生。生与死，就像是人生之中的两个点。当你什么也不顾地奔向成功，你也就失去了奋斗拼搏的这段生命历程。因而，不要急躁，该排队的时候排队，该等待的时候等待，该悠闲的时候悠闲，该迅速的时候才能迅速。

从另一个角度来说，急躁也往往会使结果适得其反。首先，急躁的人往往心浮气躁，也许，对于一件原本简单的事情，他们的处理也会不尽如人意。其次，急躁的人会影响其他人，导致身边的人也与他们一样失去定力，以致整个团队的合作都会受到影响，这一点在职场上尤为明显。最后，急躁的人最易忙中出错。这一点，相信大家都深有体会。这样的结果就是，原本是为了提高效率，最终却因为错误频出导致效率低下，甚至把事情搞砸了。这样一来，岂不是更加得不偿失吗？所以，朋友们，从现在开始就戒除急躁吧。花开，需要等待；美酒，需要窖藏；成功，需要酝酿。人生中每一件美好的事情，都需要时间的慢火熬煮，谁也不能超越和省略这个过程。

勤于反省，人生才能一片光明

常言道，人生不如意十之八九。生活中，几乎每个人都有自己的烦恼，有些人非常羡慕他人的生活，殊不知，他人也有烦恼，只不过是没有表现出来而已。对于生活的不如意，人们的反应也是截然不同的。有些人喜欢抱怨，哪怕只是因为天上下了雨，或者走路崴了脚，他们也会抱怨连天，既不原谅自己，也不原谅他人。从这一点不难看出，对于本身就爱抱怨的人，他们随便找个理由就会不停地抱怨，与事情本身的责任划分也许没有任何关系，似乎只有抱怨才能排遣他们心中的郁闷情绪，使他们恢复暂时的平静。然而，暂时的平静之后呢？也许接下来就是无休止的烦恼，和人生的黯然失色。

抱怨从本质上来说对于解决问题毫无益处，只是一种宣泄而已。此外，抱怨还是一种惰性的表现，大多数人在抱怨之后内心暂时平静，但是很快就会发觉问题并没有得到任何缓解或者解决，因而内心会更加焦灼不安，也会导致人生从此陷入困境。与其被毫无作用的抱怨限制我们的进步，不如把抱怨的时间用来反思自身。的确，每个人在人生之中都有可能面临各种各样的坎坷和困境，而倘若能够心平气和地接受失败，站在失败的阶梯上不断进取，则是智者所为。

生活中，想要抱怨的人总能找到理由和借口，这也就注定了，如果我们不能摆正心态，就会被抱怨纠缠不止。例如，房子没有别人的大，车子没有别人的贵，老公不如别人的英俊帅气，孩子的学习也不如别人孩子好，这些都是抱怨的绝佳借口。由此不难得出一个结论：我们如果想要彻底摆脱抱怨的阴影，就必须摆正心态，从内心杜绝抱怨的发生，如此才能坦然从容、毫不抱怨地面对生活，才能得到生活的馈赠和礼遇。

大学毕业后，杰米进入一家电器公司，成为了一名电器推销员。刚刚工作了一个多月，他就开始抱怨连天。他很生气地对朋友说："我可是大学生啊，比那些高中没毕业就来卖电器的同事，怎么也稍微高明点儿吧？但是我的老板一点儿都不把我看在眼里，反而总是挑剔和苛责我，根本意识不到我的价值。我已经决定了，假如老板还是不重用我，我就辞职走人！"这时，朋友马上表示赞同："杰米，你说得太对了，你的大学可不是白上的呀，肯定比那些高中没毕业的同事不知道高明多少。假如你辞职，我一定支持你，不过我觉得你辞职之前最好给老板点儿颜色看看，让他因为你的辞职痛心不已、后悔不及，这样才是对他最大的惩罚。"

杰米有些愣住了，问：“那么，我应该如何做才能让老板懊悔呢？”朋友想了想说：“你想啊，假如你现在辞职，老板一定不会觉得损失惨重，毕竟你才来到公司没多久，他还没有深刻意识到你的价值呢！我想，你应该至少继续留在公司几个月，这样你可以让自己的销售业绩得以提升，也能够借此机会多多与客户接触，从而为自己积累宝贵的经验和客户资源。等到时候你再突然离开公司，老板不但失去了一名优秀的员工，而且失去了宝贵的客户资源，一定会悲痛欲绝的。”听到朋友的好主意，杰米不由得拍手叫好，连声说：“你这个主意真的太好了，我举双手赞成。这样吧，我现在就回去努力工作，一定要让老板为我的离开痛心疾首。”

在此后的几个月时间里，杰米再也没有抱怨过，而是埋头苦干。眼看着半年的时间过去了，朋友问杰米：“你现在觉得如何？”杰米笑着说：“我觉得老板已经渐渐意识到我的价值了，不但要给我加薪，有可能还要提拔我当主管呢！”朋友佯装惊讶地说：“真的吗？那你还准备辞职吗？”杰米把头摇得像拨浪鼓一样，说：“待遇这么好，我可不会傻到去辞职。我决定了，以后一定好好干，不再抱怨，也不再动辞职的心思了！”

在这个事例中，杰米之所以能够改变老板对他的态度，就是因为他停止了抱怨，为了报复老板而埋头苦干。殊不知，这恰恰是老板最愿意看到的。杰克也因此把自己变成了能够得到老板赏识和重用的员工。由此一来，他的职业生涯发生了重大的改变，他的人生也将因此而增色不少。

每个人在人生的路上都会遭遇挫折和坎坷，也很有可能暂时受到不公正的待遇。尤其是在职场上，绝对的公平是不可能存在的，我们只有摆正心态，努力提升和完善自己，以不变应万变，才能最终赢得上司的认可和赏识，才能为自己赢得更多的人生可能性。

任何情况下，抱怨都是无能的表现。要想获得成功的人生，成为人生中真正的强者，我们每个人都要改变心态，从而让自己淡定从容地接受命运的安排，并始终积极乐观地应对命运的变化。所谓兵来将挡，水来土掩，我们的人生我们自己做主。朋友们，从现在开始再也不要抱怨了，不管是对生活不满，还是对工作觉得心理不平衡，我们与其把宝贵的时间用来抱怨，不如把时间都用来积极改变，也许反而能够获得出人意料的收获！

人生沉浮，平平淡淡才是生活

生命是个奇怪的东西，自从我们来到人世，似乎就在为所谓的幸福努力着，于是很多人毕生都在奋斗，努力地证明自己生命的不凡。有的人选择了用事业上的成功来证实，有的人用不断争取来的权势来证实，有的人凭借巨额财产来证实，有的人用满腹的才华来证实……有的人成功了，也有一些人失败了，面对人生沉浮、得失荣辱，他们倾注了太多的精力，给自己施加了太多的压力，于是，他们一生都在忙忙碌碌，到头来却不知道自己在忙什么。这样的人生注定是悲哀的。所谓的名利、金钱，到头来不过还是一场空，只有平静看待，我们才能收获幸福，我们才能更好地走好前方的路。

然而，“宠辱不惊，看庭前花开花落；去留无意，望天空云卷云舒”，这份闲散与安逸，对于现代社会的人们来说，或许真的是一种奢望。每个人都有决定自己生活的权利，何必把自己搞得那么累？放慢你的脚步，尽情地呼吸，尽情地欢笑，让生活多一些温馨，生命少一份遗憾。有人说，旅途是繁忙的，必须抓紧时间赶路；有人说，旅途是悠闲的，应该缓缓而行；还有人说，旅途的终点是归宿，何来紧迫与悠闲……

宠辱不惊的人，在面对生活的快意和失意之时都会有一种淡然的心态，会懂得如何对待与处理问题。

首先，他会明确自己的生存价值，能够以这样的格言来勉励自己："由来功名输勋烈，心中无私天地宽。"一个人若心中无过多的私欲，又怎会患得患失呢？

其次，他会认清自己所走的路，不过分在意得失，不过分看重成败，不过分在乎别人对他的看法。他会坚信：只要自己努力过，只要自己曾经奋斗过，做了自己喜欢做的事，还有什么在心里放不下的呢？诚然，有时候，我们会遭遇一些困难，此时，除了认清事实、勇敢接受外，我们还必须努力改变现状，争取走出困境，赢取美好的生活。当然，这个过程，必定是个经受痛苦的过程，因此，保持一份平常心尤为重要，否则，人就会永远在痛苦中打转，找不到解脱的光明之路。

人的一生，会遇到成功，也会遇到失败，有一帆风顺的惬意，也有遭受挫折的沮丧，有不期而至的欣喜，也有排遣不去的惆怅，曲曲折折，是是非非，如何面对？关键是心态问题，适时调整好自己的心态，真正做到去留无意，才是重中之重。

首先，我们需要拥有一颗感恩的心，善于发现事物的美好，感受平凡中的美丽，如此，我们就会以坦荡的心境、豁达的胸怀来应对生活中的酸甜苦辣，让原本平淡乏味的生活焕发出迷人的色彩，此时，你会发现，磨难与逆境也不过是一片小小的“浮云”。其实，挫折也是人生的一笔财富。没有挫折的人生，从某种意义上来说是黯然失色的，挫折会让我们变得聪明，变得坚强，变得成熟，变得完美。当然，这首先需要我们经得住挫折。

再者，我们需要拥有一份平常心。人生不可能总是大红大紫，不可能总是处于巅峰状态，也有可能处于低谷，也可能遭遇不顺，这就是人生。但总的来说，人生是平淡的，对待平淡的人生，我们也应该让自己的心静下来。懂得了这个道理，得意时你才不至于猖狂；失意时，你才不至于绝望；孤独时，你才不会心情惆怅。

总之，人生的平淡和起伏都是一种生命的轨迹，而只有内心平和的人才能体味其中的真谛，因此，我们不妨以平常心看待生活，用心去享受简单生活中的快乐、幸福！

静坐无所为，春来草自青

“静坐无所为”来自于汪曾祺先生的一部集子；而“春来草自青”，是印度一位哲学教授奥修先生的文集，这两句话的含义都是要告诉我们，只要学会以平静、客观的心境来看待事物，就能够不受感情因素的影响而看清事物的真实面貌。

我们都知道，人是情绪的动物，我们的情绪会被周围的人和事所影响。成功的人在于能做到自控，做事不冲动；而失败的人则相反，他们性情散漫、毫无节制，总是受自己的情绪摆布，而情绪又总是依环境氛围而变幻莫测。于是，他们起伏摇荡于这种恶性失衡之中，做事时容易陷入自相矛盾的境地。这种过分轻狂不仅毁掉了他们的意志，也殃及了他们的判断力，干扰了他们的欲望和理解力。

生活中的你，也许是容易冲动的人，但请记住：冲动是魔鬼，会让自己一败涂地，从现在起，一定要做到自制，理智思考并克服自己的情绪。

从前，在英国的一个古镇上，住着一个六十几岁的富有老绅士，可惜的是，他膝下无子。随着年纪越来越大，他也慢慢考虑要找个继承人了，最关键的是，他确实也需要人照顾。他想从村里的这些孩子里挑选出一个，可是，该选择谁呢？他最欣赏那些能抵御住诱惑的孩子。

镇上的很多孩子在知道老绅士要寻找一个财产继承人的时候，都纷纷给老绅士写信。很快，老绅士就收到了二十多封求职信。

这天早上，三个打扮得干净利落的少年出现在了老绅士的客厅。

老绅士先考核的是一个叫杰克的人，他被带到了一个房间，然后，引他进门的人便出去了。杰克一人坐在了沙发上，刚开始，他等待着老绅士的到来，但一个小时过去了，还没人敲门，他就躁动起来了。这时，他才发现，原来房间里这么多好东西。他终于站了起来，东瞧瞧、西看看。他发现，房间的桌子上放了一个罩子，他心想，罩子下面不是美味的蛋糕就是诱人的饮料，于是，他掀起了罩子，结果，他看到的却是一堆轻轻的羽毛。因为他掀罩子的力气太大，这些羽毛已经飞起来了，杰克意识到自己可能错了，但羽毛已经飞得满屋子都是了。

接下来被考验的是亨利，在他所在的房间里，放了很多他喜欢吃的葡萄，他忍了好久，终于偷吃了一个，吃完，他后悔了，但他又马上安慰自己，没事的，反正这么多，吃一颗不会被人发现的。吃完以后，他发现，葡萄真的太好吃了，再吃一颗吧，于是他又拿起了一个。其实，老绅士在这盘葡萄里做了“手脚”，他悄悄放了一个辣椒，亨利不小心吃到了，他的喉咙像着了火一样。结果，他也被老绅士打发走了。

最后考验的是哈利，他是个守规矩的孩子，一直在房间里坐着，周围好吃的、好玩的东西太多了，但他一直没动。半小时后，他被许可为老绅士服务。就这样，哈利一直服侍老绅士，直到他离开人世。老绅士临死之前，将所有的财产都送给了哈利。

生活中的我们就像是故事中查尔斯和亨利一样，总会因为一些利益诱惑而失去正确的判断能力。其实，这些小利益对于我们来说，之所以会那样吸引人，在于它本身就是带刺的玫瑰，表面上看着美丽，实际上却是不折不扣的陷阱。在通往成功的路上，我们会遭遇不同的利益诱惑，只要我们能够忍耐欲望的吞噬，按捺住内心的悸动，那最后的胜利就是属于我们的。

那么，我们该如何做到以平静、客观的心境来判断事物呢？

1.要有务实精神

务实其实就是脚踏实地，不浮躁，只有打好基础知识，你才能开拓，否则，一切都是花架子。

2.遇事善于思考

伟人之所以成为伟人，是因为有伟大的思维，让思维决定行动。正像爱因斯坦一样，他的某些学说在当时被喻为“疯子式的假设和推论”，但后人均证实他的理论并非错误，他的猜测并非虚幻；当布鲁诺用生命捍卫哥白尼“日心说”理论的时候，所有的人都认为他只是另一个“疯子”，而今天的我们确实认同了太阳系的概念。这些伟大的思维，无不是在磨难和折磨中中形成的。

总之，考虑问题应从现实出发，而不能空凭一腔热情。学会站在全局的角度看问题，你就能看得远，寻找出最好的解决方法。

第 07 章

你若盛开，清风自来

别急，爱情就在来的路上

人生的路上有很多弯弯绕绕，这就导致原本直线距离我们很近的目标在花费了我们无数的时间和精力后依然遥不可及。有人曾说，人生最重要的不是抵达目标，而是在实现目标的过程中感受的喜怒哀乐、欣赏的沿途景致。的确如此，假如人生就像火箭炮一样眨眼之间就抵达了终点，那么活着还有什么意思呢？虽然我们在活的过程中感受到了喜悦，也承担了很多痛苦，但是，只有这样的喜怒哀乐皆有的人生，才是真正充实和有意义的人生。

爱情是人类永恒的绝唱，没有任何一种感情比爱情更加美妙、更加让人心动。爱情也如人生一样，有很多弯路。很多人喜欢一见钟情、一拍即合的婚姻，其实，得来不易的感情更让人珍惜。很多时候，我们在爱情上付出了很多，也的确有了收获；更多的时候，我们在爱情的路上绕来绕去，最终却一无所有，这就是爱情的弯路。这些弯路虽然让我们失去了很多，却也可能改变我们的人生，给我们的人生带来更多的契机。重要的是要知道，爱情虽然很重要，却不是生活的唯一。无论爱情的结局如何，我们都必须勇敢地面对生活。只有不放弃希望，人生才能柳暗花明。

李静从师范大学毕业后，原本准备去南方城市找工作，妈妈却万般阻挠。原来，李静这一届是最后一届包分配工作的毕业生，妈妈总觉得，放弃了分配的正式工作，大学文凭就变成了废纸。在妈妈的坚持下，李静回到了家乡，在村子里当了一名初中老师。对于在大城市读完大学的李静来说，工作的日子就像是坐牢。每天，她都在办公室、教室和宿舍之间三点一线地生活，生活半径不超过五百米。一年之后，她就萌生了辞职的念头。然而，爸爸妈妈依然极力反对。就在此时，班级里一位孩子的妈妈来找李静，说要给李静介绍男朋友。原来，她要介绍的人是她的小叔子。据介绍，她的小叔子现在在上海，是在上海读的大学，如今在上海当工程监理，自己也有一个小小的施工队。对于迫切想逃离村子的李静来说，这样的契机可遇而不可求。当李静把男孩的条件和爸爸妈妈说了之后，爸爸妈妈也动摇了。他们想：凭借家里的人脉关系和经济实力，要想把李静调动到县城根本是不可能的，这样的话，她一辈子都要待在农村当个教师，最终肯定也会找个农村的对象，那就一辈子在农村安家落户了。如果能跟着这个男孩去上海，那么以后的人生肯定会更好。而且，结婚之后和丈夫一起去上海，爸爸妈妈也就不担心了。就这样，在经历了传统的相亲之后，虽然爸爸妈妈不太满意那个男孩身材矮小，但在李静的坚持下，只能勉强同意了。

虽然这样的婚姻没有太深厚的感情基础，但是李静很想好好地过完一生。不想，到了上海之后，她才发现丈夫脾气暴躁，很容易发怒发火。对待李静，他就像对待一个陌生人，毫无感情可言。几个月之后，李静感受到了痛苦。当她又一次和丈夫吵架之后，她懊悔地哭着给爸爸妈妈打了个电话。爸爸妈妈得知宝贝女儿受苦了，第一时间赶到上海。看到女儿住在工地的简陋工棚里，爸爸妈妈后悔万分，懊恼自己当初不应该同意这门亲事。没过多久，李静就在爸爸妈妈的支持下离婚了。因为不放心女儿一个人留在上海，女儿又不愿意回到家乡，所以，爸爸妈妈也陪着女儿留了下来。从此之后，他们一家三口在上海分别都找到了工作，开始了奋斗的历程。

李静非常努力，她找了收入比较高的销售工作。几年之后，李静就攒了一些钱。再加上爸爸妈妈的收入，他们付了首付，在上海郊区买了套房子。勤奋的李静还吸引了销售主管的注意，三十岁的主管非常欣赏李静顽强和拼搏的人生态度，对李静展开了追求。当李静把新男友带回家的时候，爸爸妈妈乐得嘴巴都合不拢了。这个男孩不但有事业心，而且有一米八五的身高，身材魁梧，长相端正，一看就是值得托付一生的人。相处一年多之后，李静再次步入婚姻，这次的她就像是掉进了蜜罐里，尽情地享受着爱情的美好和婚姻的幸福。

虽然李静经历了一次错误的婚姻，把自己的一生托错了人，但是从不屈服的她借此改变了自己一生的命运。假如她一直留在家乡当乡村教师，那么必然一辈子都留在农村，到死也不会甘心。如今的她不仅和爸爸妈妈一起在上海安了家，还找到了心仪的结婚对象，让爸爸妈妈都非常满意。

人生，就是一个改变接着一个改变。这些改变，或者是好的，或者是坏的。只要我们不管遇到什么事情都坚持努力、从不放弃，那么，即使在厄运之中，我们也能坚强地站立起来、成就自己。爱情的确很重要，却不是我们活着的唯一目的。很多时候，我们选择了一段错误的感情，因此而受到伤害，此时，一定要及时改正错误，给自己重新开始的机会。谁能说，错误的开始和正确的结束，不能成就你人生的柳暗花明呢？

感情和人生一样，处于不断的变化之中，无论发生怎样的改变，我们都要从容应对。唯有如此，我们才能给自己机会重新开始。机会隐藏在很多事情的背后，很多时候看似是错误的，也许就能给我们带来新的契机。任何时候，都不要放弃。

人们常说，女人有两次投胎，一次是出生，是无法选择的，还有一次是结婚，是可以选择的。这两次投胎都是影响我们人生的重大事件，必须慎重考虑。改变并没有我们想象得那么可怕，只要我们坦然面对，就能顺势而为。

“我爱你”这句承诺需要用一生去验证

对于恋爱中的人来说，最美妙的语言就是“我爱你”。

这三个字说起来很容易，却有着神奇的魔力，能让人们瞬间坠入爱河，为爱情赴汤蹈火。然而，我们要提醒广大女性朋友的是：爱，不但要说出来，更要切切实实地做到。爱情永远不能仅仅凭借三寸不烂之舌来表白，而应该用实际行动证明。爱情，不是空中楼阁水中月，而是柴米油盐酱醋茶中的浪漫和相守。在现实生活中，很多女性一听到“我爱你”这三个字，就会马上失去理智，似乎上天注定的好姻缘就在眼前，如果不抓住，就会马上溜走，再也不出现。其实，真正的好姻缘哪里会悄悄溜走呢！古人云，千里姻缘一线牵。真正的好姻缘，即使遭受很多挫折和磨难，两人也会终成眷属。所以，千万别被“我爱你”冲昏头脑，毕竟这三个字太简单，说起来容易但做起来却十分困难。

我爱你，好说，难做。爱情，是需要用尽一生去验证的事情。真正的爱情，爱的不仅是青春靓丽的容颜，也是暮年时深深的皱纹；爱的不仅是显而易见的优点，也是那带着三分可爱的缺点。古话说，情人眼里出西施。如果你真正爱一个人，你就能够接受她的不美好，即便她很丑，在你眼中也是天使。人生太漫长了，当用一秒钟说完“我爱你”这三个字之后，我们必须用尽长长的一生去兑现。在人生之中，人们难免遭受贫困、疾病、意外的折磨，只有经历重重考验的爱情，才是真爱。女性朋友们，当听到一个男人对你说“我爱你”时，先不要忙着高兴，看看他是如何把这三个字落实到行动上的。顺境时的相互扶持是很容易的，还要看看他在遇到困难的紧急关头能否承担起爱人的责任。总而言之，没有携手到夕阳的爱情，不算是真正的爱情。

太爷爷和太奶奶今年已经百岁了。作为村子里的百岁老人，他们俩的爱情故事被人传为佳话。当年，他们也是奉父母之命、媒妁之言成婚。结婚的时候，太爷爷十八岁，太奶奶十七岁。后来，日本鬼子侵略中国，太爷爷丢下太奶奶和六个孩子，独身一人去参军。连续七八年的时间，他都没有回家。对此，太奶奶毫无怨言，一个人拉扯大孩子，给公婆养老送终。她守着家，等待太爷爷归来。然而，太爷爷回来的时候失去了双腿，是被人抬回来的。太奶奶又开始伺候太爷爷，这一伺候，就是几十年。期间，太爷爷几次病危，太奶奶都衣不解带地守在床边，给昏迷的太爷爷讲述这一辈子的风风雨雨、沟沟坎坎。太爷爷似乎能听见，太奶奶讲的时间长了，他就会艰难地抬起沉重的眼皮，从鬼门关转回来。

如今，已经百岁的他们子孙满堂。他们很自立，能自理的事情从来不麻烦孩子。每天夕阳西下，太奶奶都会把太爷爷推到院子里，一起看夕阳。在人生的风风雨雨中，他们一起携手走过，执手不离。

太爷爷和太奶奶的爱情让无数人感动。虽然他们一生之中从未对彼此说过“我爱你”，但是他们用爱情诠释了爱的真谛。和现代的年轻人动辄烛光晚餐、抱着一大束玫瑰求婚相比，他们的爱情毫不逊色。有人曾说，陪伴是最长情的告白。这句话非常有道理。所谓爱情，轰轰烈烈的时候虽然惊天动地，却不能让人感受到地久天长。在人漫长的一生之中，风雨无阻地执手不离，才是最让人感动和羡慕的。

丽娜离婚后，一直一个人带着女儿生活。女儿非常乖巧，似乎感受到了家庭的变化，因此非常听妈妈的话，很少给妈妈惹麻烦。丽娜至今依然爱着前夫李军，她知道他是个好人，只是不愿意违背他妈妈想要孙子的意愿，才选择了离婚。因为觉得愧对妻子和女儿，李军经常来干些重活儿，帮助丽娜减轻生活的负担。

后来，李军按照他母亲的意愿又娶了妻子，然而，这个妻子生的依然是女儿。为此，李军非常懊悔当初和丽娜离婚。天有不测风云，人有旦夕祸福。后来，李军检查出患了胃癌。他的现任妻子马上就收拾行囊，带着孩子回了娘家，并且提出了离婚的请求。得知这个消息后，丽娜哀求婆婆允许她照顾李军。看到儿子日渐衰弱的身体，婆婆亲自给丽娜道歉，并且把丽娜接回了家。丽娜把自己的房子卖掉，给李军做了手术，还进行了化疗。在丽娜的精心照顾下，李军居然奇迹般地康复了。如今，他们一家三口幸福地生活在一起，婆婆也发自内心地接受了丽娜。

上述事例中，前妻和后妻谁是真爱，明眼人一看就知道了。丽娜才是真正爱李军的人，所以，在得知李军身患绝症之后，她非但没有因为离婚不管不顾，反而卖掉房子给李军治病。这样的爱就叫患难见真情，命运一定会被这样的爱情所感动，让李娜和李军一生相守。

女性朋友们，爱情是双方的。任何一方不够真诚、吝啬付出，都会让爱情之花褪色。唯有全心全意地付出，用心浇灌爱情之花，才能守得爱情地久天长。

爱，不是只有一种形式

在爱情中，对于爱人，有很多霸道的人采取了非常自私的方式。诸如，有的男性不允许自己的女朋友和其他男性说话；有的女性不允许男朋友看其他女性，哪怕只是漫不经心的一眼；有的男性结婚之后就让爱人辞去工作专心相夫教子；有的女性恨不得一天二十四小时跟在丈夫屁股后面，盯着他、看着他、守着他，似乎外面的女性都是喜欢勾引有妇之夫的洪水猛兽……总而言之，当爱情变得自私，相爱的人就会做出失去理智的行为，变成爱情的奴隶。

从本质上来说，爱情是一种欣赏，是互相包容与体谅，是彼此提携与成全，是一起携手并肩奔向幸福。没有任何人愿意变成他人的私有财产，即使爱情最炽烈的时候，我们也想要拥有独立的生活和主权。当爱情变成了一种占有，也就意味着爱情失去了发展的空间。这个道理一想就会明白，假如爱情使你失去自我，变成了他人的附庸，你还想要这样的爱情吗？即使不是占有，爱情的付出也应该是有限度的。在爱情之中，有很多人义无反顾地付出所有，而不管对方是否真的需要这样的慷慨馈赠。很多时候，被动地接受也是一种负担。我们不管是作为爱情的施予者，还是作为爱情的接受者，都必须把握好爱情的度。很多人都会说，爱情不就是付出吗？其实不然。表达爱情的方式有很多，需要和被需要，爱与被爱，施予和接受，帮助和求助，分享和分担……都是爱情的方式。如果爱只是单方面的付出，那么不叫爱，而叫施舍。很多男人对爱情最美好的感受，就是被需要。当女人求助于他们男性的雄伟强壮，当女人必须依靠他们才能完成某些事情，他们会油然生出一种自豪感。这也解释了生活中一个奇怪的现象：很多能干的女人往往和无能的男人结为夫妻，在家庭生活中始终在付出和操劳；很多不能干的、娇滴滴的女人反而找到了终身的依靠，得到了男人无尽的呵护。强大的男人，是被娇弱的女人“锻炼”出来的。聪明的女人从来都会示弱，很多即使自己能解决的问题，她们也会将其作为留给男性展示阳刚力量的机会。女性朋友们，你找对爱的方式了吗？

珠珠和赵鹏新婚燕尔，这才刚刚几天，就哭着回娘家了。看到闺女哭红的眼睛，妈妈心疼不已，爸爸更是冲动地要去找赵鹏算账。还是妈妈理智，她问珠珠：“女儿，你告诉我，你们之间到底发生什么不愉快了？”珠珠一边委屈得直哭，一边诉说：“其实，我根本没做错。昨天晚上，赵鹏下班的时候打电话告诉我，说要和好哥们儿一起去喝酒。我当时就答应了，但是让他早点儿回家。结果，我左等右等也不见人，他都十二点多了才回家。中间，我给他打了个电话，问他到底和哪个朋友在喝酒，喝了这么长时间，连家都不知道回了。他说是和王强喝酒。挂了电话之后，我越想越觉得不放心，就打电话给王强，问赵鹏是不是和他在一起……”“你这个傻丫头啊！”还没等女儿说完，妈妈就气急败坏地埋怨道：“你可是犯了大忌。当年，我也犯了同样的错误，你爸爸差点儿和我离婚！”听到妈妈的话，珠珠惊讶地问爸爸：“爸爸，这是真的吗？我觉得这件事没有什么大不了的啊！”

爸爸笑了笑，说：“你真不愧是你妈的女儿，我可知道，赵鹏这次丢人丢大发了。你知道吗，你们新婚燕尔，作为新郎官，赵鹏一定会被小伙伴们找去喝酒，而且他们会问赵鹏能不能驾驭新婚媳妇。你却在他们酒还没喝完的时候就打电话查岗，赵鹏不是丢人丢大发了吗？”听了爸爸的话，珠珠恍然大悟。妈妈在一旁苦口婆心地说：“女儿，人后你对赵鹏怎么样都没关系，毕竟是你们两口子的事情。但是，在别人面前，尤其是在赵鹏哥们面前，你必须给他留足面子啊！每个人都需要生活的空间，你不用看他那么紧，只要牵住他的心就行了。如果你给他空间和面子，也许他会更加爱你呢！”

在爸爸妈妈的点拨下，珠珠回到家，向赵鹏道歉。从此之后，她再也没让赵鹏在哥们儿面前丢过面子，也没有再把赵鹏看得那么紧了。果然如妈妈所说，赵鹏除了有应酬，总是按时回家，有时候回来晚了，还会特意多打几次电话汇报行踪呢！

在婚姻生活中，男性尤其需要尊严和空间。他们就像是桀骜不驯的野马，在爱情的驱使下迫不及待地钻进婚姻的围城。一旦发觉婚姻的真相，又无比怀念曾经的自由生活。尤其是对刚刚结婚的男性，女性朋友们一定要给他们适应家庭生活的时间，千万不要管得他们喘不过气来，否则他们也许会逃跑呢！

爱情，并不是自私地占有。相爱的人，只要心心相印，千里也能共婵娟。爱情，必须拥有广阔的天地，才能自由地成长起来！

爱对方，但也别忘了爱自己

和所有的人际关系一样，相爱的人交往的基础也是彼此信任。如果缺乏信任，他们就会互相猜忌，直至感情破裂。当然，在此基础之上，相爱的人还应该志同道合，有着共同或者相似的兴趣，能够不谋而合，最起码不会南辕北辙。很多人觉得爱人之间的关系是私密的关系，实际上，爱人之间的关系也是社会关系。相爱的双方，首先作为独立而又成熟的个体存在，才能在相爱的过程中为自己和对方负责。有些女性觉得，爱一个人就是占有，应该全天二十四小时地监控甚至是操纵对方。记住，你的爱人不是机器人，他有自己的想法和主见，倘若他一味地依附于你，只怕你会瞧不起他。因此，你就要接受他首先是他自己，其次才是你的爱人。爱情就像流沙，越是紧紧地攥在手心里，越容易溜走。因此，爱情需要空间。只有两个彼此独立又相互依存的个体，才能更从容自在地享受爱情。

还有些人觉得，爱情应该是彻底的坦白。试问，谁在内心深处没有自己的隐私和小秘密呢？有的时候，强制性侵入别人的私密空间，未必能够了解什么，只会让自己的心里更沉重。这个世界上总是有善意的谎言，聪明的女人宁愿被骗，以保全爱人或者出于好心或者出于虚荣心的面子。男人总是很爱面子，为了面子，宁愿受委屈，宁愿一个人默默承受。在这样的情况下，聪明的女人不会强行进入男人的领地，霸占属于他的小秘密。同样的道理，对于女人自身来说，未必是什么都毫无保留地都说出来才最好。打个比方来说，相爱的两个人就像是两个圆，他们有一部分是交叉重合的，但一定不会是完全重合成一个圆。我们在祝福爱情的时候常常说永结同心，却从未说好成一个人。因此，女人们在婚姻中除了不要私自侵犯男人的领地之外，还要保留自我。很多女性朋友都觉得，在爱情之中，只要毫无保留地付出，就一定能够赢得对方的真心。事实恰恰相反。毫无保留地付出，失去自我，只会让男人避之唯恐不及，因为这样的一个女人必然全身心投入、一天二十四小时地看着他、盯着他。从内心深处来说，很少有男人希望自己所爱的女人变成全职家庭主妇，相反，他们希望这个女人能有自己的工作和事业，有自己的兴趣爱好和人际圈子。这样，双方可以各自寻找自己的乐趣，也可以一起享受生活的乐趣。总而言之，相爱的两个圆既要彼此交叉和重合，又要有各自的保留和空间。如此，爱情才能长久保鲜，相爱的人才不会在短时间内就彼此厌倦。

近来，苏菲娜的婚姻生活频频亮起红灯。原来，她老公陈强的事业出现了问题，每天都心情暴躁。回家之后，陈强不是看这里不顺眼，就是看那里不顺眼，总是百般挑剔。刚开始，苏菲娜考虑到陈强事业不顺，心里郁闷，也就忍了，然而，看到陈强总是故意挑刺和找茬儿，苏菲娜终于忍不住和他吵了起来。吵着吵着，感情越来越淡漠。

一次闺蜜聚会的时候，大家都羡慕苏菲娜有个能挣钱的好老公，住着大别墅，开着好车。苏菲娜诉苦道："你们谁要，送给你们？"一个闺蜜惊讶地问："哎哟，你们之前可是模范夫妻啊，怎么，你真的舍得送出去？"苏菲娜苦笑着说："你不知道，我家里现在就像是战场，几乎每天都会爆发战争。有的时候是口舌之战，有的时候家里的东西都被扔得乱七八糟的，我甚至都想离婚了。"说完，苏菲娜把他老公最近的反常告诉了大家。这时，另外一个闺蜜迫不及待地说："苏菲娜，我知道怎么治疗这种症状，因为我老公在去年换工作前后也曾经有段时间是这样的。"苏菲娜欣喜地说："真的吗？你真的知道男人为什么会这样吗？"那个闺蜜胸有成竹地说：“当然，我不但知道这是为什么，还知道怎么治疗呢！我告诉你，男人也会有特定的心理周期，就像女人的生理周期一样。每到这个时候，他们就变得很有攻击性，恨不得自己一个人生活在地球上，谁也不去打扰他。尤其是你老公现在事业发展遇到瓶颈，他不想把失败的一面展示在你面前，他只想一个人默默面对和承担。所以，你要做的就是躲开他。你看看，你躲开是很容易的。你儿子在寄宿学校，你无须每天晚上给孩子做饭。你只要在你老公回家之前离开家，等到他躲进书房或者什么地方，你再回去。”苏菲娜说：“但是，我去哪里呢？我除了上班，几乎所有的心思都在家里。如今，孩子上寄宿学校了，我只有他可以面对啊！”闺蜜打断她的话，说：“哎呀，可干的事情多着呢！你只要关注自己，就会发现有很多事情可做。例如，去学学美容，或者学习插画，哪怕上计算机培训班也行啊！等你把注意力从他身上转移到自己身上，他就会主动关心你的。”

苏菲娜采纳了闺蜜的建议，给自己报了一个绘画班。她在上大学期间就喜欢绘画，只是结婚之后荒废了。如今，她上了绘画班，开始系统学习，居然一下子又爱上了绘画。有的时候，九点钟下课了，她还在教室里完成自己的作品。刚开始的时候，老公的确没有留意到她的去向。如此半个月之后，老公开始给她打电话，打探她的行踪，她也只是淡淡地说："在外面有事情呢！"果不其然，一个月过去，老公居然开始紧张起她来，甚至专门"审问"她晚上去了哪里。

面对陈强的焦虑和烦躁，苏菲娜找到了属于自己的兴趣爱好，以便给陈强更多的时间和空间独处。果然如闺蜜所说，陈强从漫不经心，到渐渐紧张起来。苏菲娜知道，自己的老公又回来了，家里也恢复了平静和温馨。每个人都需要自己的空间，不管是男性还是女性，尤其是女性，往往习惯于结婚以后一心一意地相夫教子，因此，女性更要注意给对方留有空间，也给自己留有余地。

婚姻，从本质上来说，也是一种合作的关系。合作得是否愉快，主要看双方有没有磨合好、找到最佳的合作方式。幸福的婚姻都是相似的，不幸的婚姻却各有各的不幸。要想拥有幸福，我们就要保持自我，也给对方喘息的机会。

爱情不是占有，而是欣赏。既然爱情是彼此欣赏，那么，我们就要保持自我，留下可供对方欣赏的方方面面。在婚姻生活中，聪明的女人不会付出自己的所有，她们会留下时间做些自己喜欢的事情；也不会每分每秒都和对方纠缠在一起，如果两个人变成了一个人，那么婚姻也未免太索然无味了。

每个人都需要自己的空间，男性尤其需要自己的领地。当你看到一个男人沉默不语地独自待着，千万不要去打扰他。你需要做的是，就是给他营造一个安静的独处环境。

温柔，是女人最好的武器

在大多数人的心中，男人是阳刚的化身，女人是温柔的化身。似乎，男人天生就应该生就金刚不坏之躯，拥有顽强的意志力。女人呢，应该是水做成的，无形无色，润物细无声。用水来比喻女人，的确是再合适不过的。也许有人会说，水有什么好的，没有形状，随遇而安。其实，这是因为你不了解水。水，是极具渗透性的物质，几乎能够渗透到大多数物质中，变成其一部分。如此深入内部的性质，使得水变得无法战胜。此外，水也是有很多形态的。温度适宜的情况下，水可以变成气体，升腾如云，也可以变成冰，质地坚硬。女人也是如此。虽然她们看起来很软弱，但是实际上韧性极强。在很多灾难和打击面前，即使刚强的男人倒下了，柔韧的女性也在苦苦支撑。把女性的特质用在灾难面前，这种特质就会变成最坚硬的钢。

当然，女性最主要的本能就是柔软。不管是从生理的角度来说，还是从心理的角度来说，女性都是非常柔韧的。她们能屈能伸，能文能武亦能舞。女性像是具有无限的弹性，即使在生活的狭缝里，也能很好地生存下去。在现代社会，生活压力越来越大，工作的节奏越来越快。很多女性都走出家门，与男性在职场上平分秋色，同时肩负着照顾家庭的重要责任。这也就导致女性承受的压力倍增。在应对生活的过程中，当烦恼和压力蜂拥而至的时候，有些女性选择以强硬的姿态面对生活，其实她们忘记了，她们最大的本领是温柔。的确，很多女性都遗忘了自己的制胜法宝——温柔。无论再怎么伪装坚强，女性的本能依然是柔软。柔软的身体，柔软的精神，以柔制刚的方法，不但能够保存实力，还会渗透人心，让对手情不自禁地缴械投降。

杜微结婚五年了，自从去年有了孩子之后，婚姻生活越来越忙碌，杜微有时候恨不得自己能生出第三只手来，以便把堆积如山的锅碗瓢盆和衣服都刷好、洗完。然而，她只有两只手，还必须时刻保护正在蹒跚学步的孩子，以免他磕了碰了。她老公张明的生活则没有太大的变化，他工作很忙，常常晚上七八点才回家，匆匆忙忙吃点儿饭，就又钻进书房了。对此，杜微意见很大。每当忙极了、累极了，她就会埋怨张明："这个家是我一个人的吗？你永远都当甩手大掌柜的，难道你没看见洗衣机里塞满了衣服，厨房堆满了碗筷，连垃圾桶都被塞得满满的吗？难道孩子是我一个人生出来的，和你没有任何关系吗？"一连串的反问句，让双手掐腰的杜微看起来就像一个不折不扣的悍妇。这时，张明总是心生反感，也抱怨连天："我难道没有工作吗？我天天起早贪黑的，难道不是为了这个家吗？你和孩子，吃好的穿好的，难道不需要钱吗？""你永远都是工作工作，难道我做的就比你更轻松吗？难道工作就是你对家里不管不顾的理由吗？"如此一来，他们又开火了。他们已经记不清楚，自从有了孩子之后，这是他们第几次争吵了。

其实，上述事例中的情况在很多家庭中都出现过。有些家庭解决问题的方式和杜微、张明一样，一番争吵之后，一切照旧。如此陷入恶性循环之中，没过几天，又得再次争吵，因为没有任何一次争吵能够切实解决问题。假如能够换一种方法和思路，也许事情的结果就会截然不同。

在张明回家的时候，杜微让孩子扑过去，抱着爸爸的双腿喊“爸爸”。只需要几声爸爸，张明的心一定会感觉柔软而又温馨。吃着妻子做好的美味饭菜，张明也许会关切地问：“今天很累吧？都怪我，下班太晚了。”杜微呢，虽然很疲惫，依然微笑着：“还好，就是孩子太调皮了。他现在简直就是一个探险家，家里的每一个角落、每一件家具，都是他要征服的领域。大部分家务我都做完了，就是等你吃完饭，你需要刷碗，再把洗衣机里的衣服洗一洗。我得带宝宝洗澡，如果等到干完这些家务，就影响他睡眠了。咱们这样分工合作，正好他洗澡睡觉之后，碗筷和衣服也都处理好了。我想，咱们还可以喝杯红酒，再看一部你喜欢的大片，白天的时候，我已经抽空下载到电脑里了。你觉得呢？”对于妻子这样的安排，张明觉得非常合理，且浪漫温馨，既照顾了孩子，又给他们夫妻二人留出了温馨的私密时间。因此，张明赶紧吃饭，然后抓紧时间干活。为了让妻子高兴，他甚至在等待洗衣机洗好衣服的时间里，把地板也拖得干干净净。他知道，妻子喜欢赤着脚走在干爽的地板上。

等到妻子和孩子洗完澡，妻子去哄孩子睡觉，张明也冲了个澡。这一切都忙完，已经九点半了。这时，孩子正沉睡在甜蜜的梦乡中，张明则搂着妻子，闻着妻子的发香，一起观赏影片。他们时不时地相视一笑，端起红酒喝一口。这注定是一个浪漫的夜晚。这样的一个夜晚，会让张明白天工作的劳累和杜微侍弄孩子的劳累都一去无踪。明天，又是充满希望的一天。

上述事例中，杜微采取的态度不同，张明的反应也截然不同。在强硬的态度中，张明马上变成一头斗鸡，对妻子毫不相让。在妻子示弱的态度中，张明则被妻子的似水柔情融化，心甘情愿地为妻子分担家务，以便留出浪漫的私密时间。生活需要调剂，我们以微笑面对生活，生活也会回馈我们幸福；我们以抱怨面对生活，生活也会变得愁眉苦脸。尤其是在婚姻生活中，妻子的柔会软化丈夫的刚，让夫妻之间变得充满温情，家也温馨和谐。

以柔克刚的办法，不仅适用于家庭，也同样适用于工作。在诸多人际关系中，以柔克刚都能起到很好的作用。年轻人们，年轻气盛的你们是否懂得以柔克刚呢？实际上，以柔克刚不仅是女性的制胜法宝，男性偶尔使用，也可收到意想不到的效果哦！

第 08 章

顺其自然，才会使自己更自由

顺其自然是一种高层次的平静之美

我们都知道，任何事情的发展都是有规律的，人们的主观愿望与实际生活也总是有差距的。就像自然界的植物，它们的成长需要每天接受光合作用，需要接受甘露的灌溉，才能获得成果。每一个生命的成长也如此，千万不要违背规律、急于求成，否则就会欲速则不达。

因此，我们千万不可把自己的主观意愿强加于客观的现实中，我们应该学会随时调整主观与客观之间的差距。凡事顺其自然，确实至为重要。有些事情就是奇怪，你越努力渴求的，它反而越是迟迟不来，让你等得心急火燎、焦头烂额。终于，你等得不耐烦了，它却又如从天降，给你个惊喜满怀。我们不妨先来看下面一个故事：

有一对夫妻，小两口恩爱有加，很多人都羡慕。然而他们有一块心病，块垒般郁积心头，一直挥之不去：结婚五六年了，还一直没有属于自己的爱情结晶。小两口那个急呀！一有空就四处寻医问药，但几年过去了，妻子不见有怀孕的迹象。更为严重的是，以前身体健康的妻子，竟然和各种莫名其妙的疾病结上了缘、攀下了亲。开始是整天整天地肚痛，痛得是常常出满身满身的虚汗；痛得是常常在床上打滚；痛得是常常大呼小叫、鬼哭狼嚎。于是，他们全国上下求医问药，但都不见好转，连续的奔波，搞得他们身心俱疲。

父母流泪了，劝他们想开点；朋友们伤心了，劝他们顺其自然。小两口不表示拒绝，也不进行辩驳，均一笑了之。

有一天，小两口到医院打点滴，一个护士看着他们青一块紫一块的胳膊，还有胳膊上针头扎过的密密麻麻的小红点，不禁落泪了：顺其自然吧，是自己的别人抢不走，不是自己的莫强求……

听着这温柔的、天使般的声音，小两口陷入了沉思：是啊，小护士和我们素不相识，她干吗要劝我们？还不是看到我们身心俱疲的样子产生悲悯之情了吗？顺其自然，是自己的别人抢不走，不是自己的莫强求……说得多好啊！

回到家，小两口像换了个人似的，把医院买来的各种中药、西药统统扔进了垃圾堆。小两口相视一笑，顿时浑身轻松。

一个周末，妻子翻翻日历，发现例假很久没来，然后拿出试纸，检测了下，发现居然怀孕了，小两口紧紧地相拥在一起，激动的泪水夺眶而出……

后来，丈夫向朋友叙说："真的，自从思想放松后，妻子的什么小烧不断、肌肉乱颤、大肠易激、夜间失眠，统统地不治而愈。"他在叙述这一切的时候，朋友发现，他的脸色很平静，似乎在叙说一件与自己毫不相干的故事。

这确实是个让我们感慨良多的故事。的确，很多时候，我们苦苦苛求的，却总是不如愿；当我们抱着顺其自然的态度时，我们却会收获意外的惊喜。

人们常说，"不如意事常八九"。这是古哲在总结了历朝历代人类生活状态后作的大体分析，就是说，一个人的一生，不如意的时候占去了生命的十之八九，只有十之一二生活在快乐之中。这一分析未必准确，但人的一生中忧比乐多则是不争的事实。得意和失意并不是我们所能控制的，但我们可以控制自己的心态。古人云："凡事顺其自然；遇事处之泰然；得意之时淡然；失意之时坦然；艰辛曲折必然；历尽沧桑悟然。” 这“六然”，凝集了人生的处世智慧。因此，无论我们遇到什么，我们都不必大悲大喜，以自然的心态面对，反而会收获难得的快乐！

当然，凡事追求顺其自然，并不是消极避世，而是站在更高层次来俯视生活的一种睿智。如果你站在大树下，看蚂蚁为了一粒米粒争斗得头破血流，你会想什么？如果你听到一只站在篮球上的蚂蚁说，这就是整个世界，你会想什么？如果你看到一只蚂蚁，坐在水盆中的树叶上，却以为坐上了航空母舰，你会想什么？是可怜，是可笑，是可悲，还是可爱？或许，有更高级的生灵也在那样俯视着我们。如果你能顺其自然，或许你可以让你的思想升到高空，俯视大地。当人们都顺其自然了，那淡然、泰然、必然、坦然、悟然也就水到渠成，那人生何来失意、艰辛、沧桑之说？

矛盾永远存在，学会淡然面对

很多人都害怕自己陷入矛盾之中，的确，每个人都喜欢在和谐融洽的环境中生活和工作。一旦发生矛盾，就会让我们陷入流言蜚语的中心，甚至会牵扯我们很多的精力去解决矛盾。尤其是当被流言蜚语纠缠的时候，那些莫须有的罪名更是让我们伤透了脑筋。然而，无论我们多么讨厌这些事情，矛盾总是不期而至，搅乱我们的生活。这是无法避免的。

但丁曾经说过，走自己的路，让别人说去吧。同样的道理，做事情也应该但求问心无愧，不用过多在乎别人怎么想怎么说。关于人世间的一切，每个人心里都有自己的评判标准。例如，有些人觉得自己长得很漂亮，却是别人眼中的丑八怪；有些人觉得自己特别聪明，却是别人眼中的蠢货。做事情也是如此，我们明明已经竭尽所能，却依然无法让身边的人统统竖起大拇指。简而言之，一个人无论怎么努力，都不可能令所有人满意，既然如此，我们为什么还做无用功呢！而且，我们不可能讨得所有人的欢心。那么，就让不高兴的人自己生气去吧，我们只需要做好自己。

家婷大学毕业后，进入一家二手房经纪公司工作。她非常勤奋而又努力，想依靠自己的能力赚取事业的成功。事实的确如此，虽然她刚刚大学毕业，没有丰富的工作经验，但是，凭着真诚地为客户业主服务的工作态度，她居然在短短的三个月内成功地卖出两套房子。这使她非常兴奋。

然而，她的成功让她曾经的好朋友、现在的同事陶陶感到很妒忌。为此，从未卖出房子的陶陶甚至生气地不再理家婷。刚刚到单位报到的时候，她们合租了一套房子，睡在一张床上。现在，陶陶每天都冷眼对待家婷，让家婷觉得万分郁闷。为了缓和和陶陶的关系，家婷开单之后主动请陶陶下馆子，让陶陶想吃什么就点什么。她还主动承担了水电费，照顾陶陶收入没有她高。即便如此，陶陶依然对家婷冷言冷语。在卖出第三套房子的时候，家婷既高兴又担心。她说：“我要开单了，心里很高兴。但是一想到陶陶的样子，我就高兴不起来了。”想到这里，她甚至想辞掉工作。一个偶然的机会，她把自己的烦恼告诉了师姐，师姐不以为然地说：“这算什么事啊！你因为别人嫉妒你，你就放着好好的工作不干，辞职，这不是傻子才会干的事情嘛！等你到了新单位，如果还有人嫉妒你，你继续辞职吗？同事之间有竞争关系，总会有矛盾的。你必须正面对待。”在师姐的启发下，家婷意识到自己的确不能逃避，否则，就会永远逃避。她开诚布公地和陶陶认真地谈了谈，并且表示自己会竭尽所能地帮助陶陶。看到家婷如此真诚，陶陶也释然了。她说：“家婷，我就是看到你工作有进展，自己却止步不前，所以很着急。放心吧，咱们还是好朋友！”

面对，帮助家婷解决了纠结她很长时间的问题。师姐说得很对，不管是在生活中还是在工作中，矛盾永远都会存在，而逃避不能从根本上解决问题。可以说，各种各样的矛盾会始终伴随我们的生活，如影随形。既然如此，只有坦然面对，才能彻底解决问题。

年轻人们，生活中有各种各样的苦恼，正是这苦恼伴随快乐，我们才能拥有酸甜苦辣咸五味俱全的人生。只有坦然拥抱生活赐予我们的一切，我们才能成为生活的主人，主宰自己的命运。

爱上不完美的生活

几乎每个人都在追求完美，追求自己的完美，追求生活的完美，恨不得一切都毫无瑕疵，给予我们最深刻最美好的感受。遗憾的是，生活的本质就是不完美，这个世界上也没有绝对的完美。任何完美，都是相对而言的，都需要我们在接受生活的瑕疵和缺陷的基础上，才能呈现出一定程度的完美。

有的时候，我们妄自菲薄，对于自己的生活感到非常不满意。殊不知，你所看到的别人那光鲜亮丽的生活，仅仅是展示出来的生活成品而已。就像是那些大名鼎鼎的娱乐明星，看似整天过得都充实而又美好，而且每时每刻都在接受粉丝的追求和顶礼膜拜，但是实际上他们在背后也有很多不为人知的辛酸，更是吃了很多常人不能承受的苦。正所谓吃得苦中苦，方为人上人，我们必须抱定吃苦的决心，并且在人生的路上坚定不移地付出，才能得到人生的收获。

对于生活的不完美，很多人总是不断挑剔，甚至发自内心地排斥。殊不知，不管你对于生活不完美的本质多么不满，都无法改变生活。因而聪明的人总是学着接受生活，也悦纳生活的不完美，而不会处处苛责生活，使自己的心情越来越暴躁烦闷。就像我们对于自身的缺点一样，所谓身体发肤受之父母，尽管如今有很多高超先进的整容手术能够改变我们的容貌，但是依然无法做到随心所欲。所以，我们对于父母赐予的身材容貌，只能接受，而不能抗拒。抗拒除了让我们感到自卑、怯懦之外，对于生活质量不会有任何提升。

相反，如果我们能够做到悦纳自己、悦纳生活，与生活中的瑕疵和不完美和谐共生，从而从自身的角度出发，尽量提升自我、反省自我，则也许生活反而能够更加贴近我们的人生理想，让我们获得梦寐以求的成功。

自从有了微信朋友圈，王玲觉得自己的生活更加卑微和不尽如人意了。原来，大学毕业后，王玲因为是家中娇生惯养的独生女，就回到家乡的小县城当了一名小学老师。后来，她结识了一位交警，就组建了家庭，从此倒也平平安安，波澜不惊。

直到毕业十年的同学聚会，王玲才和同学们互相加了微信，再次恢复了联系。这一联系可不得了，从此之后她几乎每天都郁郁寡欢。原来，不是在南京的静静买房了，就是在上海的林丹买车了，或者就是广州的马玉带着妻子去了马尔代夫七日游，再不就是谁谁谁情人节收获了大钻戒……原本对于生活还比较满意的王玲，在朋友圈的各种刺激下对生活越来越不满意，甚至为此整日看老公都不顺眼了。直到有一天，那个在朋友圈晒马尔代夫补度蜜月的马玉孑然一身地回到家乡，王玲才知道她被富二代丈夫甩了。看着马玉哭笑不得的模样，王玲说："每天看你们的朋友圈，我觉得自己过得简直不叫人的日子。想不到，你们那么潇洒也有烦恼啊！”马玉这才忍不住诉苦：“朋友圈发的你也信，那不都是臭显摆呢！过日子么，不管穷富都差不多，总是有烦恼的。”听了马玉的话，王玲这才知道原来一切都是表象，日子的本质就是总有瑕疵，哪里有绝对的完美呢！

从此之后，她也就摆正心态，对于朋友圈，想看的时候就看看，但是绝不当真，自己的日子还要自己过，所谓苦乐自知吧！

当我们接受了生活的不完美，心中的愤恨和愤愤不平，也就会减弱许多。人生总是难以让人如愿以偿，我们也唯有怀着一颗宽容之心面对生活，才能得到生活的厚待。否则，若我们时时刻刻都对生活百般挑剔，生活自然也不会以丰厚的回报馈赠我们，如此一来，人生怎么可能更加让我们满意呢？

与其把宝贵的生命用来和他人刻意展示出来的某一面攀比，不如用这些时间和精力来投入生活，更好地享受生活、拥抱生活。当我们能够坦然接受生活的不完美，发自内心地不再抱怨生活，我们也就彻底解放了自己的心灵。要知道，苛求生活的完美，其实最大的伤害还是指向于我们的内心，它会让我们更加焦躁不安，更加不满厌倦，最终使生活陷入恶性循环。人人的囚牢都在自己心里，我们必须拆除心灵的枷锁，才能轻松自如地面对生活的一切馈赠。

患得患失只能降低幸福感

人在遇到高兴的事情时，难免会得意忘形；而在失意的时候，又会悲观沮丧，根本无法坦然面对。这原本是人的常态，也是人的本性使然，然而，要想拥有从容淡定的人生，我们就必须端正心态，在得意的时候能够淡然相对，在失意的时候能够坦然从容，这样我们才能摆脱患得患失的心态。

毫无疑问，每个人在人生之中都想要得到好的结果，虽然不能单纯地以成功或者失败来断定结果的好坏，但是结果还是会影响我们的人生。得失成败尽管只是再简单不过的四个字，对于人生却影响深远，对于每个人也意义深远。人的本能是趋利避害，因而很多人都希望自己得到更多、失去更少，甚至不要失去，这也是人的贪欲在作怪。现实生活中，很多人都把得失看得太重，因为过于在乎得到和失去，哪怕是小小的利益也不愿意放弃，所以他们总是心怀忧惧，或者害怕得不到更大的利益和好处，或者害怕失去既得的利益。他们总是在得到与失去之间不停地徘徊，在遇到问题的时候又无法做到从容冷静，导致自身惊慌失措。可以想象，若人们总是处于这样的心态之中，是很难获得成功的。

有人说人生是一场没有回程的旅行，也有人说人生是一场没有目的地的旅行，不管如何，人生都是坚持不懈地奔波和忙碌，而且要面对层出不穷的挑战。哪怕我们面对人生的时候付出很多，也未必能够如同人们常说的“种瓜得瓜，种豆得豆”，因为有的时候付出是没有结果和回报的。如果没有平和的心态，不能在得失面前坦然从容，那么我们的人生就会失去更多的快乐，反而身陷忧虑之中。

细心的朋友们会发现，生活中很多人得到的很少，甚至生活贫瘠，却非常快乐；与此相反，有些人虽然拥有很多，却闷闷不乐，因为他们的贪婪就像是无底深渊，吞噬了他们的快乐，使得他们的人生始终阴云密布。其实，决定我们是快乐还是悲伤的，并不是我们拥有什么，而是我们是否知足，是否能够坦然面对人生的得失。

张萌从小就学习成绩优秀，因而一路顺风地考入名牌大学。快乐的时光总是过得飞快，转眼之间，张萌已经大学四年级了，班级里的很多同学都开始考虑找工作的事情，动作快的同学已经开始四处奔波。当然，也有些同学在忙着复习，因为他们不想这么早参加工作，而是想要继续读研究生，提升自己的学历和能力。张萌还没有读够书呢，因而也加入了考研大军。同学和老师们都很看好张萌，因为张萌一直以来成绩都出类拔萃，包括父母和亲戚朋友在内，也都觉得张萌考上研究生是板上钉钉的事情。张萌当然也这么觉得，所以她在复习过程中并不像其他同学那样紧张，而是一副胜券在握的样子。

经过紧张的复习，研究生考试结束了，很快考试成绩也出来了。出乎所有人的预料，张萌落榜了，班级里有几个不如张萌的学生，反而考上了理想的专业。对于这样的结果，张萌觉得非常沮丧，甚至一蹶不振。整整半年的时间过去了，张萌既没有继续准备再次考研，也没有走出家门找工作，而是始终窝在家里。看着张萌的样子，家里人多次劝解，却没有结果。

显而易见，张萌就像温室里的花朵一样，看似娇艳美丽，实际上却经不起任何风吹雨打。张萌的学习能力很强，但是，她缺乏良好的心理素质，更不知道人生之中虽然常常有得意，但也往往不可避免地要面对失败的打击。其实，换作一个心理素质好的人，即使考研失败也没有关系，毕竟本科学历已经可以找到一份不错的工作。而张萌既可以先不工作、继续准备考研，也可以先找一份不错的工作做着，一边工作一边考研，两手准备。如果张萌能够对于自己的人生作出这样合理的安排和选择，相信她就不会那么沮丧绝望了。

没有人的人生会是一帆风顺的，很多时候，我们会遭遇命运的打击，哪怕是十拿九稳的事情，也有可能因为各种各样的状况而落空。每当这时，我们唯有保持良好的心态，积极面对人生中的各种失意，才能不再患得患失，才能鼓起勇气继续扬帆起航。人生之中真正的强者，并非拥有多少东西的人，而是能坦然淡定面对人生的人。宠辱不惊，闲看庭前花开花落；去留无意，漫随天外云卷云舒，这才是人生之中至高无上的境界。当然，我们未必能够达到这样的高度，但是，竭尽所能地控制好自己的内心，从而让自己更加坦然地面对人生，这也是人生的莫大进步，也是人生的绝佳境界。

不属于你的，又何必强求

人生本来就是一个体验的过程，得与失，不过是处在永恒的变化中。昨天得不到，并不意味着今天不会拥有；即使今天拥有了，也不意味着明天不会失去。即便是永恒，也只会在拥有的那一刹那。珍惜现在所拥有的一切，这才是我们所需要的、最好的方式。有人说“得不到”和“已失去”的才是最好的，可能我们在不同的时间也会发出这样的感慨。那些没有实现的愿望，它们具有强大的力量，这样的力量就好像魔咒一般，笼罩在我们的头上，令我们迷恋水中花、镜中月，让我们对身边唾手可得的幸福和快乐视而不见。

如果我们能静下心来思考，多少得不到、已失去的东西其实只是源于对没有实现的愿望的渴望？即便我们放弃现在所拥有的一些东西，不顾后果地想尽办法得到了那些当初未能得到的东西、把那些失去的东西找了回来，谁又能保证且诚实地说这些东西就是我们真正所需要的呢？

得不到的让人渴望，已经失去的让人惋惜，对于这两者，我们都很在乎。不过，如果我们仔细回想，就会发现，我们不停地眺望远方根本不属于自己的一切，反而模糊了离我们最近的幸福。有人说，人生要活得有分寸，是你的终究是你的，不是你的抢过来也会离开你，何必让自己这样狼狈呢？失去的东西，那是因为我们自己没有好好地珍惜，与其为失去的东西而后悔，还不如好好珍惜眼前的一切，这才是生活的真谛。

得不到的东西，那表示这根本不属于自己，又何必要强求呢？即便你强求来了，你也会发现自己并没有想象中幸福；已经失去的东西，那已经过去了，即便你后悔再多，也挽回不了。与其为得不到和已失去的东西较真，不如好好珍惜当下所拥有的，这才是人生一大幸福。

人往往如此，得到的东西不珍惜，一旦失去才知道珍贵。漫漫人生，多少人感叹：覆水难收，后悔莫及。有时候，不是幸福太少，而是我们不懂得把握，并非得到越多就越幸福，幸福就是珍惜当下所拥有的，这样才不会给自己留遗憾。

与其费尽心思，不如随遇而安

知名主持人孟非出版了一本《随遇而安》，即使从未看过此书的人，仅从这个书名就可以管中窥豹，知道书的内容。再从前几年孟非和乐嘉在《非诚勿扰》节目中的随意逗乐、抖包袱给人带来的欢乐看，也许他们骨子里都是认真的人，却在生活中表现出随遇而安的样子。仅从字面来理解，随遇而安就是走到哪里，哪里就是家，纵然流浪天涯，也是四海为家，心中不会感到不安。

人生之中，充满了太多的意外，既有惊喜，也有惊吓，与其被生活的洪流裹挟着朝前走，不如随遇而安，这样至少能有心安之归处。遗憾的是，现实生活中，真正能做到随遇而安的人越来越少了。尤其是随着时代的发展、社会的进步，每个人对于生活都有了更高的奢望、更琐碎的要求。大多数人被自己的欲望推动着朝前走，再也没有了以往对生活的顺从和坦然。

说起成功，人们的奢望和憧憬都截然不同。有人觉得人生就应该是波澜壮阔的，有人却很务实，觉得人生就应该踏实本分。实际上，每个人都是这个世界上特立独行的生命个体，每个人的人生都应该呈现出自己所期待的样子，这也就注定了每个人的成功都是截然不同的，都是各具特色的。既然如此，最大的成功是什么？既不是复制他人的成功，也不是踩着他人的脚步跟随他人的足迹走到人生的终点，而是就这样顺从人生的趋势，走到自己理应到达的地方。

和几十年前相比，如今的孩子生活太累了。父母在承受艰难的中年生活和巨大的工作压力时，也情不自禁地把这种压力和艰难转嫁给孩子。于是，为了让孩子不输在起跑线上，无数父母争先恐后给孩子报了各种各样的培训班和兴趣班，导致孩子每到周末的时候比上学还辛苦和劳累。还有的父母把自己没有完成的梦想都寄托在孩子身上，使得孩子小小年纪就感受到生命的无奈和沉重。所以，与其说现代的教育有问题，不如说是大部分父母都患上了严重的教育焦虑症。

一直以来，很多人对于人生都有误解，总觉得理想中的人生一定要靠着大量的金钱才能获得。殊不知，幸福与否，与有多少钱之间真的没有必然的联系。很多人虽然贫穷，却生活得有滋有味，在粗茶淡饭中也能品尝到人生的真味；有的人尽管有钱，却生活得紧张局促，整日为了钱奔波，而彻底忘记了赚钱的目的是什么。在如今越来越快的生活节奏中，每个人都需要慢下来，享受慢生活的节奏，也给予自己的人生更多的选择空间。

古人云，踏破铁鞋无觅处，得来全不费功夫。这句话告诉我们，很多情况下，费尽心思而求之不得，而放下后，却能够轻而易举地得到。这就是人生的奇怪现象，却也为我们揭示了生命的真谛。真正成功的人生不以拥有多少金钱和物质作衡量，因为，哪怕有再多的钱，不能把生活过成自己想要的样子，那人生也是不快乐的。相反，拥有自己想要的人生，这才是最大的幸福，也是真正的欢喜。记住，人是钱的主宰，而不是钱的奴隶。真正的成功是能够让钱给自己提供随心所欲、真正自由的生活，而不是被钱驱使着，去做违心的事情、去说违心的话。真正的成功，是在生命中拥有自由，既可以出入高档西餐厅和私房菜馆，也能坐在路边摊与志趣相投的朋友们撸串。当钱在生活中变得无足轻重，我们也就真正成为人生的强者。

第 9 章

自在自得，其实快乐很简单

嫉妒让你面目丑陋

什么是嫉妒？翻阅《心理学大辞典》，不难找到心理学家对于嫉妒的准确定义——嫉妒是和他人比较，发现自己在才能、名誉、地位或境遇等方面不如别人，并且因此而产生一种由羞愧、愤怒、怨恨等组成的复杂的情绪状态。其实，嫉妒是一种非常普遍的心理学现象，因为每个人从降临世间开始，就开始唯我独尊，把自己当成是猴群里的“王”，即猴王心理。

在民间，诸如“吃不到葡萄说葡萄酸”“红眼病”等，也都是用来形容嫉妒心理的。嫉妒是一种负面能量很大的情绪。人们一旦心生嫉妒，就会变得暴躁不安、失望消沉，对人充满敌意，甚至憎恨原本不相干的人，及至做出某些丧失理智的事情。

那么，人们到底因何心生嫉妒呢？其实，对于嫉妒心强的人来说，很多事情都会使其情绪发生波动。例如，学校里，学生们因为谁考第一而心生嫉妒；办公室里，女同事因为别人买了一条金项链而自己没有，变得愤愤不平；邻里邻居，阿姨因为自己的儿媳妇没有别人家的儿媳妇好看而气愤；工作中，男性同胞因为没有得到某个职位而嫉妒那个官升高位的人……总之，嫉妒的起因形形色色，而最根本的原因是没有良好的心态。其实，嫉妒不仅会对别人的生活产生困扰，而且会给自己的生活带来很大的影响。

其实，生活中没有任何人会处处领先。命运是公平的，它为你关上一扇门，就会为你打开一扇窗。同样的，当你拥有很多的时候，他也会给你一点小小的遗憾。对于生活中那些比我们更加优秀的人，我们完全可以取人所长，补己之短，而不必一味地被嫉妒之火烤炙，最终无法忍受，害人害己。

人生苦短，每个人都像蜗牛一样背负着沉重的壳。既然这样，我们为什么还要给自己徒增烦恼呢？如果觉得不快乐，不妨想想那些不如自己的人，再想想如何学习别人的优点，壮大自己。

成为向阳的“向日葵”，才能始终面向太阳

很多朋友都喜欢吃瓜子，但有些人并不知道向日葵的生活习惯。美味的瓜子之所以那么香甜，就是因为向日葵在生长和结果的过程中始终向着太阳。细心观察的朋友会发现，只要有阳光，向日葵的花盘就总是跟随阳光，绝不低头。也正因为如此，向日葵才叫向日葵。我们的人生，何尝不应该像向日葵一样，始终向着太阳呢！现实生活中，我们往往会遭遇很多的不如意。每当这时，那些容易沮丧绝望的朋友就会轻易放弃。他们放弃梦想，背弃理想，只为了躲避困难。相反，具有向日葵精神的朋友则绝不会这样。无论什么多么艰难，无论人生的道路多么漫长坎坷，他们总是坚定不移地追随阳光，始终对生活心怀希望，满怀热情，兴致高昂。此外，他们也很乐意追求卓越和创新，喜欢生活中有新鲜的改变，喜欢人生不是一成不变的样子。

早在十八世纪，美国著名的心理学家、哲学家詹姆斯就致力于研究人们行为和心理之间的关系，以及情绪和心理对人的行为的影响。对此，很多人将其解释为正常的人类活动，但是詹姆斯不遗余力地进行了多年研究，最终证实了人

的情绪和行为是会相互转化和影响的。诸如，人们高兴的时候喜欢笑，反过来，笑容也使人更加快乐和幸福。此外，詹姆斯还告诉世人，只要不是一概而论地把人的所有错误或者失败都归结于情绪，那么人的行为实际上是可控的。在真正了解情绪的本质和变化之后，我们会发现，我们只要合理调适自己的情绪，最终就能成为情绪的主宰。现实生活中，有很多朋友总是郁郁寡欢，怨声连连，其实他们的不快乐并非因为命运的苛待，而是因为他们自身没有很好地主宰和控制情绪。

如今这个时代，几乎整个世界都处于日新月异的改变之中。我们每个人作为社会的个体成员，当然也要与社会并驾齐驱、一起进步。因此，朋友们，我们必须非常重视自身的情绪，始终保持积极正向的正能量，这样我们才能适应这个社会，才能最大限度激发起自己对待生活与工作的热情，从而成功改变我们的思路，让我们与时俱进、一日千里地提升和完善自我。当我们做到这一点时，我们还有必要担心阳光无法照到我们的脸上吗？所以，朋友们，我们只需要做好我们该做的事情，剩下的，命运自有安排。

你才是自己人生的主宰

天上下起了雨，有的朋友很高兴，觉得春雨贵如油，一场春雨过后，很多植物都会生机勃发，让人看了之后欣然欢喜。相反，有些朋友却觉得很沮丧，一想到又要把鞋子和裤子弄湿，一想到很多户外的活动都无法进行，他们就恨不得马上找老天爷理论理论，为何要天天下雨。找老天爷理论显然是不可行的，而他们却因此而变得郁郁寡欢，再也不愿意出门，甚至不愿意进行浪漫的雨中漫步。由此可见，人生之中的很多事情，当我们心态不同、心情不同时，我们的反应也会不同。

从本质上来说，主宰心情的是我们自己，而并非客观世界。所以我们根本无须抱怨客观存在的一切事物，而要从自身的主观角度出发，调节好自己的心情。正如一位名人所说的，这个世界上并不缺少美，只是缺少发现美的眼睛。我们也要说，这个世界上并不缺少阳光，缺少的只是洒满阳光的心灵。如果我们的内心深处始终阳光明媚，那么，即使我们置身于冰天雪地的极地，我们的人生也会更加灿烂。

自从刘倩结婚有了孩子之后，爸爸妈妈就跟着刘倩一起生活，帮助刘倩带孩子、做饭、洗衣服。然而，随着孩子渐渐长大，不再是只需要吃喝拉撒的小小生物，而变成了有思想、有主见、有个性的独立个体，刘倩与爸爸妈妈之间因为孩子而起的各种矛盾，也渐渐显露出来。

诸如刘倩希望孩子晚上早些睡觉，但是爸爸妈妈喜欢晚睡，而且经常带着孩子一起看电视，导致孩子也养成了晚睡晚起的坏习惯。再如，爸爸妈妈想让刘倩等到孩子三岁之后再送孩子去幼儿园，但是刘倩偏偏要在孩子两岁的时候把孩子送到幼儿园。有一次，随着矛盾冲突大爆发，爸爸妈妈一气之下回了老家，不愿意再和刘倩因为孩子的问题而生气。爸爸妈妈才走了几天，刘倩的生活就彻底乱套了。原来，孩子因为不适应幼儿园的生活，与其他生病的孩子发生交叉感染，以致生病了。这样一来，刘倩不得不接连请了好几天假，在家里照顾孩子，但是领导又不高兴了。也难怪，如今的单位一个萝卜一个坑，没有任何闲差。刘倩一请假，工作职能让其他同事分担，否则就会影响整个单位的工作安排。看到刘倩焦急而又为难的样子，她的丈夫马云说：“其实，让孩子晚一年上幼儿园也没关系。毕竟孩子还小，而且家里有老人带。你何不退后一步，顺从老人呢，就当给孩子多一年的自由生活，不好吗？”老公的话使刘倩幡然顿悟。的确，孩子从走进校门的那一刻开始，就再也不会像学前阶段那么自由。所以，与其早一年送孩子去幼儿园，不如晚一年，让孩子更多地享受自由的生活。人生还有很长呢，晚一年去幼儿园也没有关系。就这样，刘倩改变心态，也就不再觉得让孩子晚一年上幼儿园是父母的迂腐思想在作怪了。

后来，刘倩改变和爸爸妈妈相处的方式，也理解他们隔代亲疼爱孙子的心理。不管有什么事情，刘倩都不再与父母针锋相对，一家人又重归于好了。

因为心态改变了，刘倩对于父母对孙子的疼爱也就没有那么排斥和抗拒了。因此，她更加理解父母，也使父母能够静下心来倾听她的育儿观念和思想。总而言之，我们每个人都是有着七情六欲的人，都不是神仙，都不可能把所有事情做到尽善尽美。在人生的道路上，我们唯有怀着谦虚的心态不断学习，怀着冷静理智的心从容面对客观存在的一切，我们才能做到从容淡定、镇定自若。

当然，因为思想的局限，我们也不可能把每件事情都想得面面俱到。正如叔本华所说，我们必须想法设法开拓我们的视野、拓展我们的意识，才能让我们的世界更加开阔。我们虽然不能唯心，却必须意识到我们的主观意识会影响我们人生的方方面面，所以我们必须培养自己良好的心态和端正的人生态度。这样，我们才能不受客观外界的困扰，与幸福和快乐相伴。

黑暗之中，光亮才更加凸显出来

大家都知道，每当黎明到来前夕，黑暗总是特别深沉，甚至达到了伸手不见五指的程度，简直使人误以为自己双目失明，彻底进入黑暗的世界。其实，越是黎明到来之前，黑暗越是纯粹。在这种情况下，我们与其被动地在黑暗中摸索，不如主动地迎接黑暗的到来。正如西方国家一位知名作家所说的，冬天来了，春天还会远吗？我们也要说，黑暗到来了，光明还会远吗？也许正是因为有了黑暗的衬托，黎明才显得更加光亮。

人类对于大自然中的很多现象都心存敬畏。虽然我们每个人都想顺心如意地铺开生活的画卷，但是生活总是残酷的，命运也总是违背我们的意愿，使我们的生活更多了几分遗憾。这个世界上有很多对比，诸如没有丑就无所谓美，没有苦就无所谓甜，没有黑暗也就无所谓光明。假如不是黑暗的铺垫和衬托，我们又如何会珍惜光明，渴望光明的到来呢？所以，很多时候，我们与其一味地强调某件事情突出，不如采取反衬的方法，让人们在强烈的对比中更加意识到前者的可贵。从这个角度而言，当遭遇的情况最糟糕时，我们也无须沮丧。只要我们坚持着度过最难熬的时刻，我们就能够柳暗花明又一村，从而迎来人生的绽放。

现实生活中，总有人抱怨命运不公，他们似乎承受了所有的不幸，总是被命运翻来覆去地捉弄。为此，他们心灰意冷，疲于奔命，根本不知道什么才是自由和惬意的人生。难道我们就这样等着被命运打垮吗？当然不能。人生真正的强者，就是要努力改变命运。越是在命运的浪涛中不停地沉浮，就越是要坚持不懈。这样，我们才有可能冲破人生的藩篱，迎来人生自由的境界。

1940年6月23日，威尔玛·鲁道夫出生在一个工人家庭。她小时候命运多舛，不但得了肺炎，还得了小儿麻痹症。为此，她小小年纪就要依靠穿着一只铁架矫正鞋走路。出乎人们意料的是，这个命运悲惨的小姑娘，长大之后，居然参加了1960年在罗马举行的奥运会，而且在田径赛事中赢得了金牌——三枚金牌。毫无疑问，在走上奥运会之前的人生中，她吃足了苦头。

自从患了小儿麻痹症，直到11岁，她才能依靠铁架矫正鞋勉强走路。当年，她在锻炼之后脱掉铁架鞋，开始跟随哥哥们一起打篮球。12岁，她彻底摆脱铁架鞋，逐渐显露出运动天赋。经过4年艰苦卓绝的锻炼，她在16岁那年初次参加在墨尔本举行的奥运会，成功在女子4×100米接力比赛中贡献了自己的力量，为美国队赢得铜牌。后来，她在赛场上不断为国争光。因为她在运动赛场上身姿矫健，动作敏捷，所以意大利人称赞她为“黑羚羊”。

作为一个患有小儿麻痹症的孩子，威尔玛·鲁道夫做到了很多常人都没有做到的事情。也许她在运动方面的确具有天赋，但是，她的顽强不屈战胜困难的精神，更是值得我们每个人学习的。假如一定要说苦难有什么可取之处，那就是苦难能够磨炼人的心智，使人毅力坚强，从而战胜人生中接踵而至的各种磨难。

虽然生活是艰难的，虽然人生很难如愿以偿，但是我们依然要秉持与命运抗争的精神，从而彻底改变我们的命运。

朋友们，从现在开始，就让我们成为行动派吧。不管命运多么坎坷——也许恰恰是命运的磨难，才反衬出我们的勇敢和坚持。所以，不要再为遭遇不幸而抱怨，将其作为命运特别赐予我们的机会，让我们证明我们的实力、勇气和魄力吧！

换一种心情就换了一个人生

人生就像一朵鲜花，有时开，有时败，有时候面带微笑，有时候却低头不语。其实，人生就是这样，无论我们处于什么样的境地，只要学会看情绪晴雨表，学会调节出好心情，你会发现，人生远没有想象中糟糕，而我们所遭遇的那些根本不算什么。人生，注定就是一条充满曲折、困难的路，或许，烦恼无所不在，但是，面对这样一些事情，只要你能够尝试着打开心灵的另一扇窗户，以一种积极、乐观的心态去面对，你会发现，所谓的烦恼根本不存在，人生依然无限美好，问题的出现并没有改变你的好心情。

有人这样抱怨："这天老是下雨，还要不要人活啊，今天出门的计划又泡汤了。"而在街头的另一处风景中，一位少女正撑着雨伞散步，在雨水中快乐地奔跑。我们发现，“下雨”这个事实并没有改变，少女所改变的不过是自己的心情。像天气预报一样，情绪也有晴雨表，要想自己拥有一个好心情，我们就要善于选择“晴朗的天气”，而不是沮丧的“雨天”。

每个人的心中都有一份情绪晴雨表，只是，我们常常习惯于看见阴郁的雨天，而忘记了晴朗的那方天空，于是，我们的情绪也变得阴郁起来，不由自主地以悲观、消极的心态来面对生活。如此一来，那些本来看起来十分细小的事情，也会让我们火气大发，甚至，阴郁的心情会蔓延开来，逐渐影响我们身边的人。

心情，与生活一样，我们是可以选择的，即使事情变得十分糟糕，我们也依然可以选择以快乐的心情面对。这样，我们便能看清楚事情的真实情况，而且，积极乐观的心态可助我们更好地解决问题。

境由心生，你的快乐你做主

佛说：“烦由心生。”那么心呢？生活中，每个人不过是一个凡夫俗子，怎么会有那么多烦心的事情呢？有什么值得烦恼呢？一个人在烦恼时都有这样或那样的理由：受到了不公正的待遇会烦恼，受到他人的辱骂会烦恼，受到朋友的欺骗会烦恼等。虽然，只要一个人还活着，他就免不了遭受这样或那样的烦恼，但是，很多时候，一切在于心，世事本就不可尽人如意，又何必要烦恼、何故要抛弃开心呢？而且，烦恼并不是一件皆大欢喜的事情，既伤自己的身心，也会给身边的朋友带来忧虑。所以，要学会为生活多增加一些阳光雨露，开开心心，不要烦恼，烦恼的天空是看不见美丽的彩虹的。

德国哲学家康德曾说：“发怒，是用别人的错误来惩罚自己。”或许，别人的错误应该受到惩罚，但并非一定要通过自己的生气来实现，而且，生气并不能达到惩罚他人的目的。既然错误在于别人，自己为什么要生气呢？难道自己发了很大的脾气，对方就能受到惩罚吗？结果恰恰相反，气得大哭，红肿的是自己的眼睛；气得一个人喝闷酒，伤害的是自己的身体；气得丧失理性，疯狂购物，挥霍的是自己的钱财，其实，这都是对自己的惩罚。而且，生气非但解决不了问题，反而会把问题弄得更加复杂。所以，面对他人有意或无意造成的错误，请学会开心，这样，生活的天空就会时常出现美丽的彩虹。

哲人说："生命的完整，在于宽恕、容忍、等待和爱，如果没有这一切，即使你拥有了一切，也是虚无。"生活中本没有那么多的烦恼，而是心境选择错了，烦恼才会源源不断，乃至使我们的生活不得安宁。

如果你能仔细回想每一件事情，你会发现，原来上天也很眷顾自己，亲人一直陪伴左右，朋友也从未主动离弃。为什么一定要烦恼呢？烦恼是一种奇怪的东西，若是吞下去，会觉得反胃；若你根本不在意它，那么，它会主动消失。

如果你总是任由内心的烦恼横冲直撞，那么，乌云将笼罩整片天空；如果根本不在意烦恼的存在，那么，美丽的彩虹会重归生活。人生的快乐是享受不尽的，哪里还有多余的时间去烦恼呢？在任何时候，我们都记住：快乐烦恼，皆由心生。

第 10 章

你是什么样的心态，就会拥有什么样的人生

没有永远的输，也没有永远的赢

佛曰：“没有永远的输，也没有永远的赢，输赢是每个人必经的人生历程。”

人生的输赢，不是一时的荣辱所能决定的，今天赢了，不等于永远赢了；今天输了，只是暂时还没赢，不代表以后就不会赢。得与失永远是生活天平上的两只标准砝码。

笑看人生中的输赢得失，坦然享受快乐，不是得到得多，而是计较得少。俗话说：“你得其利，就得承受负面之弊。”人不可能得到了自己想要的就永远不会失去。你真正能得到的只有人间的亲情和真情，至于权力、金钱、财富都不是永远属于你的，它们总有一天会离你而去。

心态就像大海一样，有时风平浪静，有时波涛汹涌，而大多数人的心态都是不平和的，就像大海更多的时候总是卷起阵阵水花。然而我们都知道，只有在风平浪静的水面上航行，才能保证安全，当人们能安抚自己的内心，平和地对待每一个人、每一件事时，我们才能更清楚地看到自己的“目标”，更集中精力地向着目标“奋斗”。

但有些人没有学会一些让自己保持平和心态的方法，所以极易受外界的影响而去追逐每一场比赛的输赢。而输了，是心态上输了；赢了，却是大众意义上的赢了。道理很简单，但我们都不容易懂，因为我们都太聪明了。聪明不一定是好事，笨也不一定是坏事。最后赢了的人，往往不是聪明人，而是笨人。因为笨人不在乎输赢，在乎的是意义，在乎的是做一件事的意义，所以他们不会分心去考虑那个所谓输赢的结果，而是专心在那个意义上；而聪明人都是专心在那个结果上，结果一无所获。

越是胸怀宽广、淡薄名利的人，越是深信自己终能实现自己的梦想，这种人能以积极美好的态度去看待自己人生中的每一场胜负，他们深信，自己完全有能力战胜任何困境，并在自己人生的征程中不断追求卓越，而不会去嘲笑他人的失败，他们会笑对生命中的每一场输赢得失，而不仅仅局限于一时的胜负。

得与失在人们心中，只有一线之隔，其实，人生就是不断得失循环的过程，当你意以为得，就是得意；意以为失，就是失意。如果在失意时你能够放弃执念，反而有可能得到其他更珍贵的东西，而能够悟透得失的人，才会有真正快乐的人生。

滴水之恩，也应当以涌泉相报

也许只有面临失败，我们才能体会到感恩的重要。来到一个陌生的环境，面对不同的人和不同期望，我们难免会有压力，当面对别人给予我们的每一点帮助，我们都要心存感恩。我们要坚信，生命在给予我们挫折的同时，也赐予了我们坚强，当我们有了一段人生阅历后再来用一颗感恩的心来体会，我们会发现完全不一样的人生，因此，请对生活抱以感恩的情怀。

成功学家安东尼说：“成功的第一步就是先存有一颗感恩之心，时时对自己的现状心存感激，同时也要对别人为你所做的一切怀有敬意和感恩之情。”

每个人的生命只有一次，人生之路走过去就不会重来。

当我们面对挫折甚至磨难，身处逆境乃至绝境的时候，千万不要轻易放弃！尽自己最大的努力，并对生活深深感恩，这样，即使得不到预想的结果，也不至于顿足捶胸、后悔不迭。

我们生活在社会上，有了生存和实现人生价值的平台，我们的思想和才智也有了展现的舞台，我们要感恩生活，感谢它给了我们施展才干的机会和空间。当然，每个人的成功都离不开自己的努力，但扪心自问，我们的每次成功并非是只靠自己实现的，正是因为有了他人对我们的支持和帮助，我们学习到了新的知识和技能，从而有了成功的机会，因此，我们不得不对他人感恩。

满怀感恩地去工作生活，它将能为我们带来更多值得感激的事情。这是宇宙中的一条永恒的法则。班尼迪克特说："受人恩惠不是美德，报恩才是。当人拥有感恩之心的时候，美德就产生了。"不要以为工作是平淡乏味的，当你满怀感恩之心去工作时，你就很容易成为一个品德高尚的人，一个更有亲和力和影响力的人，一个有着独特的个人魅力的人。

当你在工作生活中学会了宽容，学会了付出，学会了回报，学会了感恩，能够用微笑去对待每一天，用微笑去对待人生，对待朋友，对待困难，你将会拥有幸福美好的人生，朋友们，感恩吧！感恩生活，感恩父母，感恩朋友，感恩人生给予我们的每一点，接受生活中的一切安排。要相信：感恩将为你开启一扇神奇的力量之门，发掘出你无穷的潜力，迎接你的也将是更多、更好的机会，至此，成功离你不会太远。

拥有一颗平常心，让自己超脱物外

对于我们来说，没有什么比拥有一颗平常心更为重要的了。平常心的重要性不仅体现在它能帮助我们洗净生活带给我们的纷杂，还体现在它能帮助我们保持心理的平静，在面对生活的坎坷与困苦时，使我们处变不惊、波澜不乱。

有时候，人们会感觉生活就像大海一般深邃，而人就像是在海上孤身航行的一叶扁舟，在生活面前，人类显得那么微小。大海变幻莫测，可能前一秒还是一副风平浪静的景色，而下一秒就会卷起滔天巨浪。在这种情况下，人们无力左右生活，只能在生活的海洋中随波逐流，而我们要想在生活中保持平稳，就需要有一颗平常心，能够无所畏惧地前行，用仁爱、平和的心去对待世界。

前几天，十八岁的马林收到了久未联系的远房叔叔送给他的一份生日礼物——一块十分好看的手表。那块手表造型新奇，样式考究，戴上后马林立马有了一种成功商务人士的感觉。马林很喜欢这块手表，天天都戴在手上。一个偶然的机会，他在商场闲逛时，竟然在奢侈品专柜看到了一块一模一样的手表，而那块表的标价竟然将近十万。

马林非常仔细地看了看自己带在手上的那块手表，直到确定它们二者真的是一模一样，随后他发出了一声惊叹，紧接着是一阵狂喜，他怎么也没想到，一向不亲近的远房叔叔居然会送给他这么贵重的生日礼物。忽然，马林想到，自己竟然如此草率地就将十万元的手表随意地戴在了手上，万一划伤怎么办？万一进水怎么办？万一丢了怎么办？马林有点慌乱，他赶紧将手表摘下来，小心翼翼地放在包里带回了家。

回到家以后，马林也没有闲着，他马上找了一个可以放下手表的小盒子，又往里面放了几块十分柔软的布，接着，他从随身的包中取出了那块手表，小心翼翼地把它放到了小盒子里。

马林从没有见过这么贵重的东西，为了把手表收好，他绞尽了脑汁，着实是费了一番功夫。他先是把它放到了抽屉里，却又觉得放得太明显；接着他又把手表盒子放在衣柜的夹层里，却又担心拿衣服时会把表盒碰倒；最后他找来几张旧报纸，把表盒包好，慢慢地塞到床底下。

即使藏好了，马林的心里也还是不踏实，一想到床下有价值十万元的手表，他就辗转反侧，一夜无眠。接下来，马林的心思都被那块手表勾走了，他无时无刻不在想那块表，工作也不如以前专心，睡眠也越来越不好了。

过了几天，马林的好朋友来看他，当他拿出手表炫耀时，朋友一针见血地告诉他，这只是一块高仿表，并不值那么多钱。

马林很失望，但失望之余又感到庆幸，他又把手表戴在了手上，高兴地对朋友说“这块表还是很好看的，你要是早几天来就好了，我也不会每天都失眠了。”

拥有一颗平常心，能帮助我们经受住层层诱惑的考验。在人生路上前行时，我们要坚持自己的观念，树立正确的人生观、世界观、价值观，待人宽容，冷静思考，看待问题更加客观全面，及时作出调整和改正，让我们的人生之路走得更加平稳。

拥有一颗平常心，我们也会更加理智。现代人身处信息时代，面对的竞争也更加激烈，如果此时情绪起伏太大，很可能会错失许多机会，一步错而导致步步错。如果能做到淡然处之、心态稳定，人们就有了较好的承受能力，无论遇到什么情况，都不会产生太大的心理落差，面对逆境也会更加理智，不至于迷失方向、丢失自我。

拥有一颗平常心，人们在面对得失时也会更加平和，真正做到“不以物喜，不以己悲”，做到正确看待一切事物，不必为物质的贫富落差而烦闷，从而更加享受每一天的愉悦生活。

平常心不是天生就有的，而是人们在生活中逐渐磨炼出来的，是在工作、生活、人际交流中，一点一滴地磨炼出来的，也是在自我成长的过程中，一步一步体验出来的。也许我们会经过挫折的洗礼，经过痛苦的折磨，当我们能够在失败中去体会，去认识人生、了解自我，就能使自己的意识达到某种水平，拥有一颗真正的平常心。

命运是掌握在每个人自己手中的

生活中，有很多人都会抱怨命运不公。殊不知，命运是掌握在每个人自己手中的。我们与其抱怨命运，不如把抱怨的时间用来积极地改变自己、改变命运。因为抱怨从来都只会起到负面的作用，根本不可能积极地改变什么。所以，从现在开始就摆出命运主人公的姿态吧，当你真正去做了，你就会发现你能够掌控自己的命运、成为自己命运的主宰。这其实并不难，有心人很容易就能实现。

不乏有人把命运的希望寄托在他人身上，这样的人往往缺乏自信，觉得凭借自己的力量很难把控命运，因此，他们看到有能力强的人，就倾向于成为他人的附属品。其实，除了自己，没有任何人能够成为我们真正坚固的依靠。诚然，命运并不总是公平的。我们作为普通百姓的子女，起点自然比出生富裕家庭的子女起点低了很多。但是，出生的状态并不能决定什么，从长远的人生来看，这只能代表一时的优势。任何情况下，我们都必须尽量改变自己的心态，积极勇敢地与命运搏斗，这样才能彻底扭转局势，把握命运。

也许有人会说，生活给予人们的打击很多情况下是致命的。没错，这些打击的确是致命的，然而，再大的打击也不能彻底打垮和毁灭一个人。你可能会暂时觉得疲惫不堪，但是你终将勇敢地站起来，与命运展开博弈。当你的心像向阳花向着太阳一样追随阳光，你的命运也会变得更加平顺。很多时候，我们以为难以渡过的命运之坎，实际上只是一个小小的难关。只要你大踏步地迈过去，一切就都不在话下。退一万步来说，即使困难真的很强大，不也正从反面锻炼了你超强的能力吗？任何事情都是有利也有弊的，只要你怀着积极乐观的心态面对生活，就永远不会被生活打倒。

当小小年纪的巴雷尼因病致残，最难受的就数他的母亲了。然而，母亲知道应该给予孩子鼓励和信心，而不是绝望的眼泪。所以，母亲强忍内心的悲伤，对躺在病床上的巴雷尼说："好孩子，妈妈相信你一定能够战胜现在的困难，勇敢地面对未来。好孩子，你能向妈妈保证做到吗？"听了母亲的话，巴雷尼心里难受极了，他扑进母亲的怀抱，失声痛哭。从此之后，在母亲的坚持下，巴雷尼几乎每天都抽出很多时间练习走路，还经常做体操呢！虽然他累得气喘吁吁，满头大汗，但是从未叫过苦，更未叫过累。

有一次，母亲因为劳累过度，患了重感冒。为了给巴雷尼起到示范作用，她依然咬紧牙关，陪着巴雷尼一起锻炼走路。看着母亲的额头上豆大的汗珠滴落下来，巴雷尼心中感动极了。就这样，他们母子二人一起坚持着做完当天的训练任务，才开始休息。毫无疑问，巴雷尼因为身体的残疾，导致行动很不方便。但是，他始终牢记母亲的话，坚持锻炼。最终，巴雷尼不但以优异的成绩考入大学，还在医学研究的道路上越走越远，最终获得了诺贝尔生理学或医学奖，为全人类作出了杰出的贡献。

走钢丝非常惊险，看过的人都会心有余悸。然而，安吉尔不但完成了走钢丝，而且是用假腿走钢丝的世界第一人。看着她娴熟的表演，人们一定无法想象，她曾经因病做过四次手术，并且失去了右腿膝盖以下的部分。

安吉尔是在1987年8月的脚踝检查中发现自己患了癌症的。为了保住性命，她不得不选择截肢。在手术之后四个月，她就开始利用假肢完成走钢丝项目。然而，后来她又被发现癌细胞已经转移到肺部，她不得不再次手术，切除了左肺和右肺的一半。这样残酷的命运依然没有让她屈服，她在手术一年后又开始练习走钢丝。经过艰苦的练习，她又能够独立走钢丝了。然而，厄运没有放过她，她最终被诊断癌症全身扩散，再也无药可治。面对如此沉重的打击，面对即将逝去的生命，安吉尔非常平静地接受了："好吧，我不需要再接受治疗了。只要一息尚存，我就要让我的生命发光发热。"从此之后，她不再进行任何治疗，而是专心地在杂技舞台上绽放自己。在安吉尔心中，她留给孩子的就是这样的精神——勇敢和永不放弃生命。

不管是巴雷尼，还是安吉尔，他们都是命运的强者。在命运面前，虽然他们饱受折磨，安吉尔甚至面对即将失去生命的残忍打击，但他们从未放弃对生命的绽放。巴雷尼以残疾的身躯，最终为整个人类作出了巨大的贡献。而安吉尔，虽然放弃了治疗，却并不曾放弃生命。实际上，在生死面前，还有什么事情是了不起的大事呢？想到这一点，我们就应该感到释然了。

一直以来，我们都被教育要永不放弃，实际上，有的时候放弃也是一种宽容豁达。就像安吉尔，面对命运的无情捉弄，她坦然接受了。这样的放弃，实际上是一种不放弃，是心胸开阔的表现。任何时候，我们都不能被动地接受命运的摆弄，而要勇敢地接受命运的馈赠，不管是让人高兴的事，还是让人烦恼的事，都勇敢面对。古人云，兵来将挡水来土掩，只有从容应对生命中的任何事情，我们才能更加豁达。

戒骄戒躁，生活才能充满希望

人生路上，我们总会遭遇各种各样的意外，承受人生的重重坎坷。对此，我们常常感到茫然无措，毕竟，辛苦打拼这么多年，好不容易才有了一些成就，却一瞬间变得一无所有，或者一切都回到原点，不得不重头再来，这样的打击当然是沉重的，对于某些心理承受能力相对较弱的人而言，简直是致命的打击。然而，我们必须清楚意识到生活的常态，生活不像是海上顺风而行的船只，总是一帆风顺，也不会像是我们可以随意支配的梦境，当我们知道自己是在做梦，就恨不得马上满足自己的一切欲望。生活的本质是残酷的，生活的本质也是变幻无常的。我们唯有端正心态，更好地面对生活，戒除焦躁，意识到生活的本来面目就是坎坷多桀，才能更加坦然地接受生活、面对和改变生活。

作为普通人，我们当然可以为自己的不顺找到很多借口，也可以为此抱怨命运不公。然而，这么做对我们又什么好处呢？我们既不能改变现实，也不能创造未来。一味地抱怨，只会让我们的心情越来越糟糕，并更加颓废沮丧。在反复不停的抱怨中，我们的内心变得越来越焦躁不安，就像热锅上的蚂蚁，也像是在被烈火烤炙。最终，抱怨之后，我们只能手足无措地站在那里，根本无法做任何事情。对此，现代心理学之父——威廉·詹姆斯给出了很好的诠释和解决办法，他说，真正的智慧，就是以非习惯性的态度看待某些问题。这是在告诉我们，要摆脱常规的方法，不要陷入惯常的焦虑和忧愁之中，而应该释放自己的思维，让自己的人生充满希望，也拥有更多的机会走向成功。的确，尤其是在遭遇我们自以为的困境时，我们理应学会换个角度看待问题。例如，很多人因为自己的贫穷感到懊丧，那么不如想，既然我已经一无所有了，也无所谓会失去什么。这么想来，大家反而更容易放开手脚地去做很多事情。再如，很多人觉得自己总是与好机会失之交臂，或者失业，或者失恋，在这种情况下，与其一味地懊丧，不如借此机会好好调整自己的心理状态，放空心灵，等着下一次机会的到来。总而言之，当你不抱怨时，你会发现人生其实很美好，只要好好活着，就没有什么是不可战胜的。

作为一个女强人，小小的生活曾经是无比风光和忙碌的。她是一名战地记者，经常要跟随部队出征，出入在生死第一线。然而，有一次在战地采访任务时，小小被流弹击中，伤到脊椎，瘫痪在床一年多。刚开始时，听到医生宣判她有可能终身瘫痪，小小马上就想到了死。后来，医生经过一段时间的精心治疗和观察，觉得小小在两年左右可以恢复行走的能力，但是恢复的程度如何不能确定。小小又开始想：两年，我可以进行多少次采访！我却要躺在床上，什么也不能干地度过两年的时间，这太可怕了！小小变得沮丧绝望，甚至比医生宣判她“死刑”更觉得难过，毕竟，就算熬过两年，等待着她的也是未知数。

后来，小小的好搭档刘军来看她。看到小小愁眉苦脸的样子，刘军笑着说：“怎么了，小小，我心目中的你可不是这样的啊，那个泰山崩于顶而色不变的小小呢，如今哪里去了？”小小垂头丧气地说：“我情愿去战场，也不愿意躺在这里。要两年啊，我也许永远也站不起来，也许即便能够勉强行走，也无法恢复成普通人的状态了。”听到小小的话，刘军笑着说：“你为何不把这两年当成是对自己的调整期呢！一直以来，我们在战场上出生入死，根本没有时间考虑生活和人生的规划，也没有时间充实自己。我觉得你可以利用这两年做很多事情，这恰恰是很多人都不曾有的时间啊！”刘军的话使小小恍然大悟。

刘军走后，小小为自己在网上订了很多书，都是她平日里想看而一直没有时间看的书。小小也有了很多时间和照顾她的妈妈聊天，毕竟，自从她上大学开始，与妈妈之间的这种亲密接触和亲密交谈就已经一去不返了。最终，小小愉快而又充实地度过一年多的时间，医生检查之后居然说她可以尝试着下床走路了。随之而来的是漫长的康复期，不过因为小小已经作好了心理准备，所以康复期度过得很顺利。

在这个事例中，对于出生入死的战地记者小小而言，躺在床上度过一两年的时间，简直不可想象。然而，就算小小抱怨哭泣，也不能改变现状。最重要的是，她必须调整心态，积极乐观地度过在病床上的这段时间。幸好，在好战友刘军的劝说下，小小意识到自己可以调整生命的规划，从而帮助自己更加坦然从容地迎接未来。

急躁对于任何人生都是有害的，急躁的人如同被人在身体中注入了毒剂，以致根本无法平心静气地面对那些事情。

除此之外，急躁非但无法解决问题，还会导致问题不断恶化，由此导致我们的人生也越来越糟糕。只有我们心平气和地面对人生，人生才能和风细雨地对待我们。

内心充满正能量，人生才能积极向上

举世闻名的美国西点军校中，有一句名言尽人皆知，即心态决定一切。乍听起来，这未免有些唯心主义，其实还是很有道理的。那么，何为心态呢？所谓心态，就是我们内心深处对待这个世界的态度。尽管很多朋友都知道心态的重要性，也知道心态决定命运，但是我们对于心态的把握还没有达到更高的程度，因此无法积极调动心态，促使我们的人生不断发展、向前。毋庸置疑，在人生之中，还有很多因素都会起到重要的影响作用，诸如教育、智慧、人脉、环境等。但是，要想这些因素对我们的人生起到积极的推动作用，前提是必须拥有充满正能量的心，也要拥有良好端正的心态。唯有如此，我们的人生才能占尽天时地利人和，我们才能有所成就。

人生在世，要想活出属于自己的精彩，我们就必须充满正能量、充满积极和热情。唯有如此，我们才能杜绝人生中的枯燥乏味，满怀激情地面对人生、经营人生，并心无旁骛、全力以赴地让人生变得更加圆满。细心的朋友会发现，我们身边的那些成功者，大多数都是对人生态度端正、积极热情的人。他们浑身都散发出正能量，并且能够认真地对待自己的工作，从而坚决杜绝焦躁不安。而且，纵观古今中外，那些伟大的人物，无一不是对人生充满积极热情的人。那么，为何心态对于人生的影响如此深远呢？我们只需要看看下面这个简单的例子，就能知道心态的神奇力量。假如同样是在沙漠中，两个旅者都突然从背包中找到半瓶水，此时，心态积极的人会说："真好，我居然还有半瓶水，我又能多活一天了，这样我就更有可能找到生机。"相反，心态消极的人会说："哎呀，我可真倒霉，居然只剩下半瓶水了。这半瓶水几口就喝完了，我还是注定要死在沙漠里。"在这两种截然不同的心态影响下，他们人生的结局也必然不同。

一个人，在人生路上到底能够走多远，能够达到怎样的高度，与他的内心状态是密切相关的。不管我们从事什么工作，也不管我们的地位和身份的高低，我们唯有摆正心态，才能把各种事情处理得更加完美，对于人生才能更加坚决果断，绝不犹豫不决。

对待同样的生活和工作，假如我们的态度不同，其结果也必然是不同的。所谓世上无难事，只怕有心人。任何情况下，我们要想获得成功，就必须下定决心，破釜沉舟。唯有如此，我们的人生才能始终斗志昂扬，绝不屈服。我们必须记住，成功需要很多因素，我们唯有保持充满正能量的心，才能在人生路上真正有所成就。

第 11 章

别活在别人的眼光里，即使不优秀你也是独一无二的你

爱上不完美却真实的自己

人生在世，最好的朋友是自己，最大的对手也是自己，只有自己才最了解自身的优势与不足，如果不能接纳真实的自己，处处勉强自己，与自己为敌，不但影响自己的人生，还会排斥自己、厌恶自己。试问，一个连自己都喜爱不起来的人，又如何能得到别人的喜爱？因此，不管我们多么不喜欢自己的缺点，既然事实已经无法改变，那我们就不要再去逃避，勇敢地接纳自己，接受现实，你会发现，无论好坏，自己都是这世上独一无二的存在。

每个人都希望自己是完美的，每个人或多或少都对自己有不满意的地方，然而人无完人，世上并不存在绝对完美的人。因此，我们要接纳最真实的自己，欣然接受自己在现实中发生的每一个状况，不以物喜，不以己悲，充分发挥引导自己积极努力的动力，从而走向成功的道路。

坚持自我，方能成就辉煌

著名作家罗曼·罗兰曾经说过，“每个人都有他隐藏的精华，和别人的精华不同，它使人具有自己的气味。”所以，我们要做自己，绽放自己独特的光芒，相信自己也可以像美丽的烟火，绽放属于自己的光芒！

世事纷杂，诱惑众多，若人们在掌声、赞美、光环中迷失了自我，忘记了自己的理想，那就如效法猫狗倒地求宠的驴子一样可笑，泯灭了自己的价值，压抑了自己的长处。只有坚持自我，方能成就自我的辉煌。

早在300多年前，英国有一位名不见经传的建筑设计师，他的名字叫克里斯长·莱伊恩，当时他幸运地承担了温泽市市政府大厅的设计任务。这位年轻的设计师非常有才华，他充分利用自己丰富的工程力学知识和多年的实践经验，巧妙地设计了一个只用一根柱子支撑大厅天花板的方案。经过一年多的施工，市府大厅顺利地交付验收。然而，政府官员认为只用一根柱子支撑天花板保障不了大厅的安全，责令莱伊恩再多加几根柱子，用以加固。

设计师莱伊恩坚信自己的设计没有问题，他声称“用一根坚固的柱子足以保障大厅安全”，并列举了很多相关实例据理力争。不料，他的固执与争辩惹恼了市政官员，他们不仅要求设计师更改方案，还险些以危害公共安全的罪名送莱伊恩上法庭。

面对种种压力，莱伊恩陷入两难境地：如果依然坚持自己的主张，就意味着公然与政府官员作对；如果选择放弃，又有悖于自己坚持的科学准则。后来他终于想出一条应付这些愚昧无知的“权威人士”的两全之策。他请施工人员煞有介事地在大厅里增加了4根粗壮的柱子，不过，这4根柱子并没有与天花板接触，其间留下了细微的缝隙，人们站在地面上根本无法发现。

时光飞逝，一晃300多年过去了。在300多年的时间里，市政府官员换了一批又一批，但是谁也没有发现这个秘密，大厅的天花板也未曾出现任何险情，支撑天花板的柱子仍然是最初的那一根。直到上世纪90年代末，市政府在修缮大厅的天花板时，才发现柱子与天花板之间存在的狭小缝隙，而且，在中央柱子的顶端刻有一行小字：“自信和真理只需要一根柱子。”这是设计师莱伊恩留给世人的一句箴言。

要像莱茵恩一样坚持自我，首先要相信自己的能力与价值。还有一个著名的故事，故事的主角是一块大理石，它因为纹路不够美而被众多雕刻家弃用，然而著名雕刻家米开朗琪罗发现了它的美，将它雕刻成旷世名作“大卫像”。一块石头都可以绽放自己的光彩，那人们有什么理由不去坚信自己呢？

坚持自我，要保持自己的独特个性。著名音乐家贝多芬，之所以能够留名千古不仅是因为他在音乐领域的独特造诣，还因为他面对世俗势力绝不妥协的傲骨。当复辟称帝的拿破仑要贝多芬出席演奏会时，贝多芬摔门而去，无惧生死，这为他赢得了生前身后的美名，他曾说，“公爵过去有的是，现在有的是，将来也有的是，而贝多芬只有一个”，这就是让人称赞的独特个性。

坚持自我，要清晰地认知自我。诗仙李白不仅文采出众，而且拥有过人的智慧，他游历大好河山，观四方美景，看透了奴颜媚骨的官场文化，高官厚禄诱惑不了他，出将入相的大好前程迷失不了他，正是他对自我的那份坚持，才使得后人得以拜读诗仙大作，遥望历史风尘。

坚持自我，更需要坚毅的内心。当人们扬起理想的风帆，走上人生这条长路时，难免会遇到金钱、地位、名利的诱惑，若在追求理想的过程中丧失了自己的理想，迷失了自己的目标，那就会跌入贪利忘义的深渊；而若能坚持自我，用坚毅的内心坚持前进，那无论日月更替、星月沉浮，心中的信念终究不会倒，人们一定会走向成功的终点。

坚持自我，并不是要人们坐井观天，故步自封，而是要我们认清自己的理想，明确自己的目标，发扬自己的优势，不盲目跟风效仿他人。坚持自我，让每个人都成为独特的个体，绽放自己的多彩人生。

不要活在别人的眼光里

台湾著名作家张德芬曾说过这样一句话："亲爱的，外面没有别人，只有你自己。"人们往往太在意别人的眼光，透过别人的眼光来认识自己，却很少花精力去了解自己、认识自己。要知道，一千个人眼中就有一千个哈姆雷特，在不同的人眼中，你所展现的形象也是不同的，或真诚，或善良，或迂腐，或市侩，但真实的你究竟是什么样子，你是否知道？

人们往往把别人的挑剔看成是对自己的否定，乃至为了迎合他人而改变自己，殊不知，这样于事无补。一对夫妻和一头驴子的故事说明了这个道理。刚开始是妻骑着驴子，夫牵着驴，路人指指点点：像什么样子？这女人太不像话，居然让男人牵驴！妻听了，脸红了，和夫换个位置，这下夫骑驴，妻牵驴，没走几步，路人又开始指指点点：像什么样子？这男人太不像话，居然让女人牵驴，大男子主义！这下夫又脸红了，他们决定夫妻一起骑驴，两人骑着驴，又没走几步路，路人指指点点得更加厉害了：像什么样子？两个人骑这一头小毛驴，这分明是虐待动物！夫妻俩这下是彻底不知所措了，这也不行，那也不对，干脆，都不骑了，两人一起牵着驴走路。可结果呢？他们夫妻二人还是被路人指指点点：这两个人，明明有一头驴子，可谁也不骑，那你们养这牲口干吗用呢？夫妻二人，真恨不该牵着驴子到外面，怎样做都会有人说。

其实，每个人做事思考的角度不同，出发点也不同，所得出的结论自然也不一样，但不管怎样，我们一定要有自己的见地，不要像墙头草一样风一吹就倒。别人提出的意见中肯，我们可以拿来借鉴，别人的无谓妄议，我们就不要放在心上。切记，不要别别人的意见左右，决定权在自己，别人的意见只是用作参考。

人活在世上并不是为了活给别人看，并不需要得到别人的赞同和认可，即使我们有微瑕，也不影响我们的价值体现，既然如此，我们为什么要去在意别人无谓的挑剔眼光呢？改变自己并不是一件容易的事，而为了迎合别人而去刻意改变自己，用别人欣赏的方式来改变自己，更是一种折磨。谁也不是别人的附属，每一个人都是独立的存在，我们应该努力使自己从被动转变为主动，由自己来掌握自己的未来。

人生在世，只有自己能够操纵自己的人生，千万不要让别人的意见影响了你的方向，人生旅途十分短暂，我们应该要珍惜自己所拥有的一切，虽然可以参考别人的意见，但千万不要随波逐流，不要让别人的眼光淹没了你真实的模样。

与其羡慕别人，不如做好自己

人的一生说长不长，说短不短，在每个阶段，我们都会遇到比我们优秀的人，他们的经历、成果像个标杆一般，时刻提醒我们他们做得比我们好。肤浅的羡慕，笨拙的模仿，只会把我们推进他人光辉的阴影中，盲目的羡慕和攀比不会带来快乐，只会带来烦恼和痛苦。与其不断地羡慕别人，否定自己，不如认清当前的自己，找到属于自己的发展方向，在自己的人生道路上绽放属于自己的光芒。要知道，做好自己，人生才会更加精彩。

大东是一个很普通的工科生，木讷又不善言辞，当遇到需要公开讲话的场合，他总是低着头，半天也无法说出一句完整的话。当周围的朋友们组团去旅游、一个接一个带来漂亮女朋友时，说不羡慕是假的，但大东并没有要求自己像他们一样。在别人挥洒青春、开心享受时，他正在埋头钻研一道道复杂的微积分难题；当别人因为不如意而喝酒、痛苦时，他把编程高级教参看了一遍又一遍；当别人又换了女友、兼职发了工资要去玩乐时，他的专业课程终于拿了90分。大东十分刻苦，舍得在学习上挥洒大把的汗水和时间，当别人在花花世界中迷乱了眼时，他依旧坚定地在学习这条路上勇往直前。

等到毕业考试时，他的成绩居然是年级第五，第一名是一个天分绝佳的学生，虽然花在学习上的功夫远远不及大东，但胜在天资聪颖，大东要苦苦思索五遍十遍才明白的题目，他一遍就能明白。对此，大东并没有气馁，而是继续努力。以他的成绩，他原本可以被保研到一家还不错的学校，但临时被一个家境条件比他好很多的同学顶掉了。大东便接着开始了他的考研之路，依旧是一天学习十几个小时，风雨无阻。终于，他凭借优异的成绩考上了全国最好的那所大学的研究生。

在读研究生的时候，周围皆是比他聪明的同学，但大东胜在勤奋好学，一路走来居然拿到了优秀毕业生的资格，在行业顶尖的一家公司谋到了一份很不错的工作。工作一年后，他还上了大学这几年的贷款，也找了一个家境、品貌都不错的女朋友。几年过去，他已成为一个不大不小的领导，也已结婚生子，说话不再张口结舌，谈起专业话题头头是道，已与当年判若两人。

在当年的同学中，他的发展最好，在同学聚会上，大家纷纷表示了对他的钦佩，大东则一脸苦笑，他说："当年我没的选择，我很羡慕其他同学生活得那么精彩，但我一无所长，只能在学习这块努力。而且，我也已拼尽了全力，哪还有余力去做其他事！倒不如踏踏实实地做好自己。"

如果你总是去羡慕别人，那么无疑是浪费了自己的时间。你要做好自己，首先要做好以下几点，这样才能帮助自己实现人生的理想和愿望。

1.给自己一个努力的目标

我们要给自己一个努力的目标，比如，高中毕业后我要上什么样的学校，大学毕业后我要找什么样的工作，工作三年后我应该往哪个方向发展等，当你的人生有了目标，你就不会被外界的纷扰所迷惑，你会知道你要努力的方向。

2.时间是我们的财富

对于优秀的人来说，时间基本等同于金钱，对我们来说，时间也一样是笔珍贵的财富。与其把时间浪费在吃喝玩乐、悲春伤秋上，还不如去做一些更有意义的事，比如，看书学习，研究科学，开拓关系等，它们最终都会由时间转换为我们个人财富的一部分。

3.懂得放弃

当我们能够确定自己努力的目标时，就会发现有些事是必须要做，而有些事是不必要的，这时我们就要去选择，有些事要坚持不懈，而有些事则必须要放弃，这是我们人生的一个必然过程。

4.坚持

有时，在持续的努力下，你一直没有看到明显的成果，此时，你会觉得伤心、失望，甚至会产生“这样努力值不值得”的想法，尤其当看到别人风光无限地享受生活时，更会产生羡慕的情绪。这时，你要静下心来，要知道，有些事并不会那么快就是产生效益，一些长远的目标，需要我们付出长期努力，并孜孜不倦地坚持下去。

表面上看，做好自己是一件很简单的事，但实际操作起来并不容易，生活中总是有太多的利益诱惑着我们，如果你羡慕别人过得比你精彩，那么你需要调整自己，为了过上你期望的生活，你还有许多事要做。

人是感性的，在不同的人生阶段，自然会有不同的人生体验和不同的人生态度，这本是无可厚非的。但是，无论何时，无论你具有什么样的人生体验和人生态度，都应该做那个最好的自己！

你不可能让所有人的满意

一个人能做到最优秀吗？答案当然是否定的，因为这个世界上人外有人、天外有天，一个人再怎么努力，也不可能达到优秀的巅峰，总是还有很多进步的空间，因而人生前进的道路总是永无止境的。生活中，很多人之所以在优秀的道路上不断前行，就是因为他们想让自己得到更多人的认可，甚至令所有人满意。遗憾的是，这个梦想听起来很伟大，却绝无实现的可能。归根结底，我们不管多么优秀，都不可能令所有人满意，因此，我们应该更加理智地对待现实，从而帮助自身获得良好的发展。

从个性化的角度而言，这个世界上每个人的审美观都是与他人有所差别的。举个最简单的例子，对于一个非常漂亮的女明星，既有很多粉丝疯狂地追她，也有很多人根本都不喜欢她，既有人说她美若天仙，也有人说她长相平平，甚至以她为丑。这还是仅就最外表的因素来看，当涉及深层次的内涵，人们更是会对她作出完全不同的评判和论断。由此可见，一个人不管是美是丑，也不管是善良还是邪恶，总是无法博得所有人的欢心，因为人人都是独立的个体，都有着自身的人生观、世界观和价值观，他们的脾气秉性、人生经历、成长背景和教育程度等，也都是完全不同的。即便是一母同胞的双胞胎，也会有很多巨大或者细微的差异出现，这一点毋庸置疑，也无法改变。认清楚这个事实之后，我们还有必要为了博得他人的欢心而不辞辛苦吗？聪明人一定会更好地反思自身，坚定不移地坚持自己的本性和特色，从而赢得独属于自己的人生。

因此，我们要想不被他人摆弄，最好的办法就是理智分析问题，作出最终的决定，然后坚定不移地按照自己的想法去做，这样也避免了因为被人说三道四而心神不宁。

在人生之中，每个人都面临着各种各样的选择。当然，为了作出更加明智的选择，我们也可以尽量多听听他人的意见，综合考量。但是需要注意的是，我们对他人的意见只能参考，而不能照搬，否则，若有无数个人都给出意见，我们也就完全失去了主见。生活中，人们常说人言可畏，一则是流言蜚语会给人们的生活带来不必要的麻烦，二则是人们会因为他人的意见而心神不宁、无法打定主意走自己的路。所以，朋友们，从现在开始就坚定不移地做好自己吧，你只有活出最出色的自己，最终才能得到他人的认可和肯定，才能使我们的人生简单纯粹。

你是这个世界上独一无二的存在

在这个世界上，绝没有两片完全相同的树叶，更没有两个完全相同的人。哪怕是一母同胞的同卵双胞胎，尽管长相上乍看起来没有太大的区别，但是，从细节的角度来看，他们不仅有着细微的不同，而且脾气秉性更有可能相差迥异。这就是为什么很多陌生人总是分辨不出双胞胎，但是对于双胞胎熟悉的父母或者是爷爷奶奶等人总是能够准确区分双胞胎。因为他们很清楚双胞胎的区别在哪里，也知道他们之间有着如何细微的不同。

在原始社会，原始人总是成群居住。他们当时就开始形成集体意识，知道在集体中行动能够更加安全，而且符合统一的标准。经过数千年的繁衍，如今人们不仅在行动上追求一致，更在思想、意识和情感上也追求一致。当一个人变得另类，似乎就会与他人格格不入，也会招致他人的反感。在这种情况下，人们的从众心理变得更加明显。殊不知，我们有很多时候未必要与他人一致，甚至无须得到他人的认可和赞许。归根结底，我们不管多么努力，都无法取悦和讨好所有人。又因为每个人对人对事都有不同的看法，所以我们难免会遭到他人相差迥异的评价。在这种情况下，我们与其改变自己，不如坚持自我，做最真实的自己。这样，至少我们还是独一无二的，还是与众不同的。

大四这一年，小小和其他同学一样，也在四处奔波找工作。小小是一个非常冷静理智的人，对于自己的优点和缺点，她都非常清楚。因而，她始终想要进入一家小公司，与公司一起发展和成长，成为公司真正的元老。对于小小的想法，很多同学表示不理解。归根结底，大多数人都想进入大公司，一则福利待遇好，二则晋升机会多。为何小小就非要找个小公司，与公司同呼吸共命运，一起壮大起来呢？面对同学们的不理解，小小不以为然。

大四下学期，学校也联系了一些知名企业来招聘。在没有找到合适的工作之前，小小也参加了这些大型企业的面试，结果反而被一家大企业看中了。后来，小小又找到了合适的小公司，她为此感到有些犹豫。与她要好的同学全都劝她毫不迟疑地去大公司，但是，在对两家公司进行深入了解后，小小还是决定去小公司，遵循自己最初的本意。就这样，毕业季到来，在大家不理解的目光中，小小背起行囊去了小公司。

一年多之后，那些进入大公司的同学全都成为公司里不可或缺的钉子，站稳了脚跟。小小呢，因为小公司正在起步和发展阶段，所以她非常辛苦，经常需要出差，还要加班。对于小小的现状，很多同学表示同情，小小却心甘情愿，毫无怨言。

光阴荏苒，很快十年聚会到来了。此时，久未联系的同学们再次聚首，简直成了炫富会、夸耀会。同学们都在迫不及待地交换名片，因为名片上印着他们的头衔。很多同学都为小小的命运担心，以为小小现在一定因为选择了小公司导致人生发展受到局限，没想到，在姗姗来迟的小小发给每个人的名片上，赫然写着某某公司董事长的头衔。看到大家瞠目结舌的样子，小小波澜不惊地说："前五年，我的确在小公司工作，也为小公司的发展壮大付出了很多，作出了巨大的贡献。老板很认可我，后来，因为我为公司拿下一个大项目，他奖励给我一百万年终奖。为此，我突发奇想，既然我对于开公司的流程都这么熟悉了，而且擅长业务和管理，为何不自己开公司呢！我第一时间把自己的想法告诉了老板，出乎我的预料，老板非常支持我，而且主动提出，假如我愿意以一百万入股，他愿意和我一起成为这家公司的老板。显然，这是更好的去路。为此，我当即接受老板的提议，除了我股金应得的股份外，老板还多给了我10%的股份呢！我很感恩。去年，我的老板一家移民去国外，就彻底把这家公司交给我打理，从此之后，他只拿分红，我负责经营。”听到小小传奇般的经历，那些原本吹捧自己担任经理、主管等的同学，全都瞠目结舌，艳羡不已。

人人都想往大公司挤，唯有小小反其道而行，非要找一个刚刚起步的小公司，与公司一起成长和发展。当然，小小的付出得到了回报，这也恰恰证实了她的独到眼光和高瞻远瞩，以及她的自信和实力。

我们每个人都要相信自己，哪怕人生的道路再怎么坎坷和艰难，我们也要坚持自己的原则，相信自己的判断。换言之，哪怕我们最终失败了，也会因为自身的不断努力和付出，得到更多的经验和成长，这可是任何金钱都买不来的。当然，这里并非要求大家都像小小一样非要去小公司工作，而是提醒大家，对于自己的人生一定要有规划，避免随大流、盲目从众。记住，关于人生成功的定义有很多，与众不同也是其中一种。无论如何，我们必须主宰人生、掌握命运。

参考文献

[1]老杨的猫头鹰.最怕你一生碌碌无为，还安慰自己平凡可贵[M].北京：现代出版社，2016.

[2]李栩然.所有的奋斗都是一种不甘平凡[M].北京：现代出版社，2017.

[3]王娟娟.平凡的日子里，遇见最美的意外[M].南京：南京出版社，2016.